DIY

시들지 않는 꿈의 꽃

프리저브드 플라워

전희숙, 박수연, 이명주

부민문화사

바야흐로 우리나라에서도 프리저브드 플라워에 대한 관심이 높아지고 있습니다. 프리저브드 플라워가 새로운 화훼장식 소재로 화예계(花藝界)의 주목을 받으면서 경제적 가치에 대한 인식이 커지고 있을 뿐 아니라 플라워아트의 매력적인 한 분야로 예술적 응용가치를 인정받고 있습니다. 이에 프리저브드 플라워를 가공하는 업체나 그 디자인을 연구하는 단체들이 날로 증가하고 있으며 플라워아카데미나 문화센터, 온라인 숍 등을 중심으로 이를 보급하거나 판매하는 곳도 점점 늘어나고 있습니다.

이웃 일본에서는 이미 오래전부터 프리저브드 플라워가 널리 보급되어 대규모 전시회가 해마다 개최되는가 하면, 대형 백화점에서부터 작은 꽃가게에 이르기까지 이를 취급하지 않는 매장이 없을 정도로 대단한 인기를 누리고 있습니다. 통계에 의하면 일본 화훼 소비시장의 50% 이상을 프리저브드 플라워가 차지하고 있다고 합니다. 물론 여기에 비하면 우리나라의 사정은 많이 다릅니다. 그러나 이미 상품화가 진행되고 대중화의 길로 접어든 최근의 추세대로라면 우리나라에서도 충분히 프리저브드 플라워의 호황을 기대할 수 있습니다.

이처럼 프리저브드 플라워에 대한 대중적 관심이 커지면서 최근 프리저브드 플라워를 직접 배우고자 하는 분들도 늘어나고 있습니다. 직접 만들어 실내를 장식한다든지 특별한 날의 선물로 활용하고 싶은 분들에서부터 상품으로 취급해 보고 싶은 분, 플라워아카데미의 한 과목으로 신설하고 싶은 분, 배워서 프리저브드 플라워 강사로 활동하고 싶은 분에 이르기까지 많은 분들이 프리저브드 플라워를 배우고 싶어 합니다. 프리저브드 플라워를 배우고자 하는 이러한 대중적 욕구는 그에 대한 학습서나 강의지침서에 대한 갈망으로 이어지고 있습니다.

이 책은 근래의 이러한 사회적 요구에 부응하고자 제작되었습니다. 프리저브드 플라워에 대한 DIY를 원하는 분들은 물론이거니와 플라워아카데미나 각종 수업현장의 강의지침서로도 사용될 수 있도록 기획하였습니다.

먼저 이 책은 프리저브드 플라워를 스스로 배워 보려는 분들에게 실질적인 도움을 줄 수 있도록 구성하였습니다. 책의 앞부분에서 프리저브드 플라워에 대한 개괄적인 내용을 실어 누구라도 프리저브드 플라워에 대한 기본적 이해가 가능하도록 하였으며, 후반부에서는 작품을 제작하는 데 필요한 기본적 지식, 기본 테크닉과 함께 실제로 작품 제작 과정에 필요한 사진을 곁들여 설명함으로써 책만 보고도 작품 제작이 가능하도록 하였습니다. 또한 이 책은 프리저브드 플라워에 대한 이론과 실기를 병행하여 조화롭게 구성하였으며 강의현장의 커리큘럼으로 선택적 사용이 가능하도록 수준별로 실기과정을 체계화하여 플라워아카데미나 여러 학습현장에서 강의지침서로 활용하기에 조금도 손색이 없도록 하였습니다. 그리고 다양한 작품을 예시하고, 특히 책 말미에 참고 작품을 더함으로써 이미 프리저브드 플라워에 관한 지식과 실력을 갖춘 분들에게도 작품 창작의 실마리나 참고가 될 수 있도록 하였습니다.

　모쪼록 이 책이 보다 많은 분들에게 유용하게 활용될 수 있기를 바라며 프리저브드 플라워를 통해 꿈을 펼쳐가고자 하는 분들에게 좋은 길잡이가 될 수 있기를 바랍니다. 이 책이 나오기까지 부민문화사 정민영 사장님, 최훈석 선생님을 비롯하여 제작에 함께 해 주신 모든 분들과 작품으로 협조해 주신 분들, 도움 자료의 저자 분들께 진심으로 감사드립니다.

전희숙, 박수연, 이명주 올림

프리저브드 플라워로 미래의 직업 도전을…

프리저브드 플라워 작품을 만들면서 꽃과 함께 장식할 자연 소재들을 찾다 보니 어느 새 나는 그것들의 매력에 빠져 들었다. 가을에 떨어져서 아직도 마르지 않고 그대로인 단풍나무 잎, 가볍게 곡선을 그린 강아지풀, 갖가지 그린들을 프리저브드하여 꾸며 보았더니 오래도록 볼 수 있는 작은 숲이 만들어졌다.

프리저브드 플라워는 비록 가공은 되었지만 자연인 생화에서 온 꽃이다. 그래서 프리저브드 플라워 작품도 자연 친화적인 방향으로 해 보고 싶은 게 나의 마음이다. 그 중 하나가 프리저브드 플라워에 계절마다 찾아오는 자연 소재를 같이 장식하는 것이다.

항상 보아왔던 소재들은 우리에게 편안하고 친근한 느낌으로 다가온다. 우리가 최첨단의 숨가쁜 현대사회를 살고 있지만 본능은 오히려 옛것을 그리워하고 항상 보아온 것을 마음에 심어두는 때문일 것이다.

늘 우리 곁에 있었던 자연, 특히 숲과 식물은 우리의 몸과 마음에 휴식과 아름다움을 제공하고 생명의 에너지를 충전해 주는 위대한 힐러이다. 이러한 자연을 닮은 인테리어, 그리고 현대적인 이벤트용품과 생활용품에 스토리텔링까지 곁들인 프리저브드 작품들은 경제적 부가가치가 있음은 분명하다.

하나하나 혼을 담아 만든 나의 분신과도 같은 작품들을 바라보며, 프리저브드 플라워 관련 직업이 머지않은 미래에 각광받는 직업이 되지 않을까 생각한다. 더 많은 분들, 특히 젊은이들이 이러한 세계에 도전하여 화예분야의 발전에 이바지하고 이 분야에서 자신의 꿈을 펼쳐 갈 수 있기를 희망해 본다.

- 전희숙

꿈의 꽃, 프리저브드 플라워

　프리저브드 플라워는 꿈의 꽃이다. 그것은 프리저브드 플라워가 마치 시간이 멈춘 것처럼 아름다운 생화의 모습 그대로 오랜 기간 보존될 수 있다는 사실 때문에서만은 아니다. 오히려 그것은 그러한 장점으로 말미암아 무궁무진한 예술세계를 펼쳐 갈 수 있는 프리저브드 플라워의 가능성 때문이다.

　생화 한 다발을 사다가 프리저브드 플라워로 변신시키는 일은 마치 마법사가 흔한 물건을 진기한 보석으로 바꾸는 일처럼 흥미롭고 신기한 일이다. 프리저브드 플라워 세계에서는 빨강, 노랑 장미는 물론이고 까만 장미나 파란 장미처럼 현실에서 찾아보기 어려운 꽃도 얼마든지 가능하고 자연스런 그러데이션이나 투톤 장미처럼 리얼한 꽃도 탄생할 수 있다.

　마법으로 탄생한 아름다운 프리저브드 플라워! 행복한 기억을 담은 채 흐르는 세월에도 변함없는 아름다움으로 기쁨을 선사해줄 신비스런 꽃!

　그 꽃송이들을 앞에 두고 무엇을 만들까 궁리를 하다보면 우리는 어느새 화훼장식가가 되었다가 공예가가 되기도 하고 미술가, 스토리작가가 되기도 한다. 어느 때는 오래도록 기념하고픈 신부부케를, 또 어떤 때는 만찬을 빛내 줄 테이블데코를 만든다. 어느 순간에는 꽃을 보석처럼 붙여서 멋진 벽화를 만들고, 예쁜 자갈과 나뭇가지, 이끼, 작은 벤치 등을 곁들여서 조그맣고 낭만적인 정원을 꾸미기도 한다. 다음 순간에는 와이어와 깃털, 비즈, 나뭇잎 등과 함께 콜라주 작품을 만들어 벽에 걸어보기도 한다. 또 실용적인 목걸이, 시계 또는 온갖 선물용품을 디자인해보고 여러 공예 분야와 접목시킨 색다른 작품을 상상해보기도 한다.

　이렇게 프리저브드 플라워의 영토는 한정 없이 펼쳐진다. 끝없는 인간의 상상력만큼이나 프리저브드 플라워의 작품세계는 다양한 아이디어와 발상으로 새로운 작품과 상품들이 탄생될 수 있고 그와 관련된 다양한 이야기를 자아낼 수 있다. 분명 프리저브드 플라워는 예술의 다양한 분야를 넘나들며 무한한 작품 세계를 피워낼 수 있는 매력적인 가능성의 옥토(沃土)임에 틀림없다.

- 박수연

04 프리저브드 플라워 작품 세계

프리저브드 플라워란?

프리저브드 플라워란 무엇인가?

'시들지 않는 꽃'으로 잘 알려진 프리저브드 플라워(preserved flower, 보존화)는 생화(生花)를 특수 가공하여 오래도록 보존이 가능하게 한 꽃이다. 즉, 꽃의 아름다움이 절정에 달했을 때, 그 꽃을 잘라 특수 용액에 넣어 탈수와 탈색, 착색 및 보존처리를 거쳐 건조시킴으로써 생화의 조직과 형태, 질감을 장기간 유지할 수 있도록 한 가공 건조화이다. 여기서 '프리저브드(preserved)'란 '보존된', '보존되는'이란 뜻이다.

생화는 싱싱하고 아름답지만 금방 시들어 버리는 단점이 있다. 반면 오래도록 보존할 수는 있지만 인공적인 느낌은 어쩔 수 없는 것이 조화(造花)이다. 프리저브드 플라워는 생화와 조화, 양자의 장점만 취한 꽃이라고 할 수 있다. 마치 시간이 멈춘 것처럼 아름답고 부드러운 모습 그대로 장기간 보존 가능한 꽃이 프리저브드 플라워인 것이다.

건조 가공화로 드라이플라워나 압화가 있지만 드라이플라워는 딱딱하여 부스러지기 쉽고, 압화는 평면적인 디자인을 벗어나지 못한다. 이들에 비하여 프리저브드 플라워는 부드러울 뿐만 아니라 어떤 형태의 디자인으로도 작품 제작이 가능하다. 말하자면 프리저브드 플라워는 드라이플라워나 압화의 단점을 모두 극복한 이상적인 가공화이다. 그래서 프리저브드 플라워 예찬론자들은 프리저브드 플라워야말로 인류가 오래도록 염원해 온 '꿈의 꽃'이요, '마법의 꽃'이라고 찬탄한다.

또한 전문가들은 프리저브드 플라워를 생화의 경제적·미적 가치를 높인 꽃으로 평가한다. 비록 구입비용은 생화보다 높더라도 보존성을 고려하면 생화보다 훨씬 경제적이며, 활용도 면에서도 화훼장식뿐만 아니라 공예 등 다른 분야에까지 활용할 수 있기 때문에 생화보다도 예술적 활용가치도 크다. 여기에 더하여 프리저브드 플라워는 실생활에 쓰일 수 있는 공예품으로도 활용 가능하므로 실용적 가치 또한 높아졌다고 볼 수 있다. 이처럼 프리저브드 플라워는 단명의 생화, 인공적인 조화는 물론 그 어떤 건조 가공화보다도 탁월한 장점을 지닌 고부가가치 꽃으로서 화예(花藝, flower art) 세계의 지평을 넓힐 수 있는 획기적인 플라워아트 소재이다.

프리저브드 플라워는 플라워아트의 한 갈래를 가리키는 말로 쓰이기도 한다. 즉, 프리저브드 플라워로 꾸미는 화훼장식과 프리저브드 플라워 공예를 통칭하는 용어로도 쓰이고 있다. 물론 이들을 통칭하는 보다 정확한 표현은 프리저브드 플라워아트가 될 것이다. 이중 화훼장식의 특징이 강한 것은 프리저브드 플라워장식, 장식성과 기능성의 양면을 겸하여 기술적으로 만들어지는 작품은 프리저브드 플라워공예로 구분하여 명명할 수 있다.

02

프리저브드 플라워의 역사와 전망

꽃의 싱싱하고 아름다운 모습을 오래도록 간직하고 싶어 하는 것은 인류의 오랜 욕망이다. 드라이플라워나 압화 등은 모두 이러한 '시들지 않는 꽃'에 대한 인간의 욕구가 탄생시킨 산물이다. 프리저브드 플라워도 이러한 인간의 욕구에 부응하여 개발된 신기술의 '시들지 않는 꽃'이다. 1980년대 이탈리아에서 잎 종류와 작은 꽃을 대상으로 글리세린을 흡수시켜 수명을 연장시킨 것은 이러한 기술의 시작이었다. 그러나 그것은 지금의 프리저브드 플라워와 같은 착색의 방법이 아니라 자연의 색을 그대로 살리는 일종의 드라이플라워였다.

지금과 같은 착색 방법의 가공 기술을 최초로 개발해 낸 것은 프랑스의 베르몽(Vermont)사이다. 1970년대 후반 프랑스 베르몽사와 벨기에 브뤼셀 대학, 독일 베를린 대학이 공동으로 장기간 보존할 수 있는 절화(折花) 연구에 착수하여 10여 년의 연구 끝에 1987년 마침내 성공을 거두었던 것이다. 베르몽사는 1991년 이 기술에 대한 세계 특허를 취득하고 '수명이 긴 절화 제조 기술'을 발표하여 프리저브드 장미를 일반에 공개하였다. 이를 계기로 프리저브드 플라워는 유럽 전역과 미국 등 각지로 퍼져 나갔다.

베르몽사의 가공 기술과는 별도로 남아메리카의 콜롬비아에서도 프리저브드 플라워 가공 기술을 자체 개발하였는데 이것이 현재 일본에서 커다란 인기를 끌고 있는 플로에버(Florever)의 시초이다.

동양에서 프리저브드 플라워가 처음 소개된 곳은 일본이다. 그러나 일본에서도 이 꽃이 처음부터 주목을 받은 것은 아니었다. 인기를 끌기 시작한 것은 1998년 유럽산이 아닌 콜롬비아산 프리저브드 플라워가 들어오고부터였다. 이후 일본에서 프리저브드 플라워는 '시들지 않는 꽃', '마법의 꽃'으로 불리며 수요가 급증하면서 폭발적인 인기를 누리기 시작하였다. 수입산 외에도 일본 자체 제품들이 속속 출시되는가 하면 세계 각지의 브랜드가 참여하는 대규모 전시회와 작품 대회가 성황리에 개최되기도 했다. 이러한 대회는 지금도 해마다 열리고 있다. 현재도 일본의 프리저브드 플라워는 아카데미 시장과 부케 시장, 생화매장과 백화점, 마트 등의 화훼시장에서 여전히 큰 인기를 누리고 있으며 전 세계적으로 생산되는 프리저브드 플라워의 60~70%를 일본에서 소비할 정도로 일본의 프리저브드 플라워 사랑은 대단하다. 중국에도 프리저브드 플라워가 상륙하여 홍콩, 상하이 등을 중심으로 인기이며 중국산 브랜드도 개발되어 판매되고 있다. 이제 프리저브드 플라워는 일본을 비롯하여 유럽, 남미, 미국, 중국 등 각지에서 많은 브랜드를 창출하며 화훼업계의 새로운 총아로 자리 잡고 있다.

우리나라에는 2004년 무렵 일본을 통해서 프리저브드 플라워가 처음 소개되었다. 그러나 전량 수입에 의존하다 보니 가격이 높고, 홍보 또한 미흡하여 크게 활성화 되지는 못하고 있었다. 그러다가 2008년 농촌진흥청과 국내 전문 업체인 나무 트레이딩이 공동의 연구와 노력으로 가공용액을 개발하여 프리저브드 플라워 생산에 성공함으로써 국산화의 길이 열리고 그에 따라 가격도 낮출 수 있게 되었다.

프리저브드 플라워에 관심을 가진 이들이 작품 연구에 몰두하여 다양한 디자인을 개발하고 전시회나 박람회 등을 통해 대중에게 선보이는 등 적극적인 연구와 홍보에 나서면서 점차 일반인들의 관심도 커지게 되었다. 2014년 현재 프리저브드 플라워는 관련 협회나 이를 강의하는 아카데미가 점차 증가하고 있으며, 선물용품점이나 인터넷 등을 통한 일반인들의 소비 또한 꾸준히 늘어나고 있다. 프리저브드 플라워 가공 기술도 더욱 발달하여 방수코팅제나 향기 나는 꽃이 개발되는가 하면 야광 효과, 냄새 제거, 공기정화, 발향 등 다기능성 프리저브드 플라워가 개발되는 등 새로운 기술이 속속 선보이고 있고, 국산 프리저브드 플라워가 일본, 중국 등지로 수출되기도 한다. 또 가공 기술을 가진 업체들의 수도 늘어나고 있다. 이처럼 우리나라의 프리저브드 플라워 시장은 도입 이후 꾸준하게 성장해오고 있으며 이러한 추세는 앞으로 더욱 가속화 될 것으로 전망된다.

한편, 프리저브드 플라워는 현재 침체일로에 있는 우리나라 화훼 소비시장에 활력을 넣어 줄 수 있는 대안의 하나로 주목받고 있기도 하다. 작금의 실리위주 소비추세가 일시적인 생화보다는 내구적인 프리저브드 플라워 쪽으로 기울 것이라는 전망과 더불어 프리저브드 플라워는 생화를 가공하여 생산하기 때문에 생화 소비에도 일조할 것이라는 기대 때문이다. 관련 전문가들은 프리저브드 플라워가 생화생산업과 동반성장할 수 있는 화훼업계의 블루오션으로 장차 화훼업계의 판도를 바꾸어 놓을 수 있는 아이템이 될 수도 있을 것이라 내다보고 있다.

그림1-1 액자작품(김미은)

프리저브드 플라워의 특징과 장점

(1) 장기간 보존 가능

   프리저브드 플라워의 가장 큰 장점은 아름다운 상태 그대로 오래도록 보존이 가능하다는 점이다. 보존 기간은 보존하는 곳의 환경에 많이 좌우되는데, 추운 지방의 경우 10년 이상도 보존이 가능하며, 날씨 변화가 심한 우리나라의 경우 3년 정도 유지가 가능하다. 그러나 우리나라에서도 밀폐된 용기에 보관하는 등 보관에 주의를 기울일 경우, 보존 기간은 훨씬 늘어날 수 있다.

(2) 물을 줄 필요가 없다

   프리저브드 플라워의 특징 중 하나는 관리가 쉽다는 점이다. 일단, 물을 줄 필요가 없다. 생화에서 나온 꽃이지만 가공을 거쳐 제조된 일종의 건조화이기 때문이다. 살아 있는 식물을 가꾸려면 식물의 종류에 따라 식생적 특징을 파악하여 때에 맞춰 물을 주고, 거름을 주고, 햇볕을 쐬어 주어야 한다. 절화 또한 장식 이후에도 물을 갈아주어야 하는 번거로움이 따른다. 그러나 프리저브드 플라워는 그러한 잔손질이 거의 필요치 않다. 밀폐 용기에 넣어 두거나 적절한 환경에 두고 가끔 부드러운 솔질이나 헤어드라이기의 시원한 바람으로 먼지만 털어내는 정도의 관리만으로도 충분하다.

(3) 생화와 비슷한 촉감

   프리저브드 플라워는 생화와 동일한 조직에 생화 느낌의 촉감을 지닌다. 가공 과정에서 단지 탈수, 탈색만 되고 생화의 조직은 그대로이기 때문에 생화와 똑같은 형태가 유지되며, 거기에 보존액이 들어가 유연성을 부여하는 까닭에 딱딱하지 않고 부드럽고 탄력적이며 생화 같은 신선한 느낌을 준다.

(4) 다양한 색상 표현

프리저브드 플라워의 장점 중 또 한 가지는 다양한 색상을 마음대로 구사할 수 있다는 점이다. 이는 가공 과정에서 생화가 가지고 있던 원래의 색은 제거해내고, 원하는 색상을 다시 착색시키기 때문이다. 따라서 프리저브드 플라워는 생화와 동일한 색상은 물론이고 생화에서는 볼 수 없는 색상까지도 표현할 수 있다.

(5) 벌레, 꽃가루에서 자유롭다

프리저브드 플라워의 또 하나의 특징은 본래의 향기가 사라진다는 것이다. 본래의 향기를 보존하지 못하는 것은 단점이라고 볼 수도 있으나 어떻게 보면 장점이 될 수도 있다. 꽃의 향기는 벌레를 불러들이는 주요인으로 벌레나 벌 등이 꼬여들면 곤란한 특정 용도로는 향기가 없는 프리저브드 플라워가 오히려 유용할 수 있다. 물론 요즘은 향기 나는 프리저브드 플라워도 출시되고 있어 선택적 사용이 가능하다.

한편, 프리저브드 플라워는 꽃가루가 날리지 않는다. 가공 과정에서 꽃가루가 떨어져 버리기 때문이다. 따라서 프리저브드 플라워는 꽃가루 알레르기가 있는 사람에게도 해가 없다. 또 프리저브드 플라워는 꽃 속에 수분이 없기 때문에 생화보다도 가볍다.

(6) 줄기가 없다

프리저브드 플라워는 대체로 줄기 없이 꽃송이로만 되어 있는 점도 특징이다. 이것은 가공 상의 문제로서 가공 직전 꽃송이로부터 줄기를 2~3㎝ 정도만 남기고 잘라내기 때문이다. 이러한 특징으로 인하여 프리저브드 플라워는 생화장식법과는 조금 다른 장식기술을 필요로 하며, 타 공예분야와 접목하여 디자인하는 경우가 많다. 물론 최근에는 줄기를 길게 잘라 가공한 꽃들도 나오고 있긴 하지만 여전히 줄기가 짧은 것이 대세이다.

표1-1 건조 가공화의 비교

건조 가공화의 종류	특징
드라이플라워(dried flower)	공기 중 자연건조, 잘 부스러짐, 해충과 곰팡이에 노출
프로즌 플라워(frozen flower)	급속 냉동, 자연색 유지, 진공보존 필요
압화(pressed flower)	건조 시 프레스 가공, 평면적 공예요소가 강함, 표백 진공 처리
보존화(preserved flower)	특수용액 처리, 침전과 치환 과정, 자연노출 가능, 손쉽게 가공

04

취급 시 주의사항

(1) 습하거나 지나치게 건조한 환경에 노출시키지 않는다

프리저브드 플라워의 가장 큰 취약점은 습기에 약하다는 것이다. 예컨대 비오는 날 창문을 열어놓은 상태의 습도에서는 흡습이 일어나 꽃잎이 처지거나 변형이 일어날 수도 있다. 따라서 가공이 완료된 프리저브드 플라워나 프리저브드 플라워 작품은 보관 시 습도 변화에 각별히 주의해야 한다. 장마철에는 미리 밀폐 가능한 용기에 넣어두거나 습기제거제를 비치하고, DIY 프리저브드 플라워 가공은 가급적 여름철 장마 때에는 작업을 피하고 부득이한 경우 식기건조기나 열풍건조기로 잘 건조하여 습하지 않는 곳에 보관해야 한다. 만일 흡습이 발생했을 경우에는 꽃을 밀폐 가능한 용기에 담고 실리카겔 같은 방습제를 넣어 뚜껑을 닫아 두거나 식기건조기를 이용하여 습기를 제거해 주면 복원이 된다. 프리저브드 플라워의 이러한 단점은 방수코팅제 등 기술 개발로 점차 해결되어 갈 것으로 보인다.

프리저브드 플라워는 환경이 지나치게 건조해도 꽃이 위축되고 꽃잎이 갈라지는 현상이 나타날 수 있다. 특히 건조와 다습이 반복되는 환경에서는 꽃받침이 약해져 꽃봉오리가 떨어지거나 색이 바랠 수도 있다. 꽃잎이 떨어지면 버리지 말고 작품 제작 시 접착제로 붙여 사용하고 색이 바랜 것은 진한 색으로 다시 염색하거나 스프레이, 붓 등을 이용하여 색깔을 다양화시키면 사용할 수 있다.

(2) 직사광선은 피하여 보관한다

프리저브드 플라워는 직사광선이 그대로 내리쬐는 곳은 피하여 보관하는 것이 좋다. 직사광선에 노출되면 탈색이나 위축이 올 수 있기 때문이다. 가급적 서늘하고 통풍이 잘 되는 곳에 보관하면 꽃의 수명을 연장시킬 수 있다.

(3) 에어컨 바람 등 기타 주의할 점

여름철에는 에어컨을 켜서 프리저브드 플라워를 쾌적하고 시원한 환경에서 보관하는 것이 좋다. 그러나 에어컨에서 나오는 바람을 직접 쏘이면 꽃잎이 갈라지고 깨지는 수가 있으므로 에어컨 바람이 나오는 곳은 피하도록 한다. 또 접촉과 압력에도 비교적 약한 편이므로 가급적 만지거나 무거운 것에 눌리지 않도록 하고 작품을 제작할 때에도 손보다는 핀셋을 이용하여 작업을 하는 것이 좋다.

만약 꽃이 눌리어 회복되지 않을 때는 뜨거운 수증기를 쏘여 주면 꽃이 회복된다. 즉 찜통에 물을 붓고 열을 가열하여 뜨거운 김이 올라오면 눌린 꽃의 줄기나 하부를 집게 등으로 조심스럽게 집은 다음 눌린 부분에 김을 1~2분 쏘여 준다. 꽃이 완전히 펴지면 통풍이 잘 되는 곳에 두어 서서히 마르도록 한다. 이 기법을 스팀 기법이라 부른다. 스팀 기법을 행할 때에는 화상을 입지 않도록 각별히 유의하도록 한다. 한편, 프리저브드 플라워는 착색된 제품이기 때문에 옷이나 천에 물이 드는 수가 있으므로 이염(移染)이 일어나지 않도록 주의한다.

프리저브드 플라워의 활용

프리저브드 플라워는 플라워아트 재료로서 크게 일반적인 화훼장식품과 플라워 공예품의 용도로 활용되고 있다.

(1) 화훼장식품

프리저브드 플라워는 기본적으로 화훼장식 소재이다. 이전에는 주로 생화를 이용하여 화훼장식을 하여 왔으나 요즘은 프리저브드 플라워를 이용한 화훼장식품도 만들어지고 있다. 프리저브드 플라워 장식은 생화장식에 비해 제작비용은 많이 들지만 일단 제작되면 오랫동안 감상할 수 있기 때문에 생화장식보다 오히려 경제적인 측면이 있다. 프리저브드 플라워 장식품이 쓰일 수 있는 공간은 카페, 백화점, 호텔 등의

그림1-2 공간장식

상업 공간, 각종 파티나 결혼식장, 무대 등의 문화 행사 공간, 은행, 사무실 등 업무 공간, 방, 거실, 주방 등의 주거 공간 등 실내 공간이면 어떤 곳이든 무방하다. 구체적 용도로는 테이블 장식이나 벽장식, 디스플레이 등의 각종 공간장식, 부케 등의 예식용품, 꽃바구니, 꽃다발, 프리저브드 플라워 소품 등의 선물용품 등이다.

(2) 프리저브드 플라워 공예품

프리저브드 플라워는 생화로는 할 수 없는 다양한 공예품으로 활용되고 있기도 하다. 액자 작품이나 액세서리, 시계, 거울, 스탠드 등의 생활용품 장식 등 그 활용 범위는 무궁무진하다. 이러한 공예품들은 공간장식용, 장신구 등으로 활용할 수 있으며 특별한 때 선물용으로 활용하면 좋다.

그림1-3 석고방향제 작품

Chapter 02

프리저브드 플라워 가공

가공에 적합한 꽃

(1) 적합한 꽃의 특징

　드라이플라워나 압화에 적합한 꽃이 있듯이 프리저브드 플라워에도 적합한 꽃과 품종이 있다.

　프리저브드 가공이 쉬운 것은 비교적 꽃잎이 두껍고 단단하며 겹겹으로 이루어진 꽃이다. 반면, 나팔꽃이나 무궁화처럼 꽃잎이 크고 얇으며 대롱 모양으로 생긴 꽃, 코스모스처럼 얇고 한 겹으로 이루어진 꽃은 가공이 쉽지 않다. 그러나 꽃잎이 얇아도 터키도라지, 벚꽃과 같이 여러 겹으로 겹쳐있는 종류는 가공이 가능하다.

　색상으로는 진한 색보다는 옅은 색이 탈색하기 쉽고, 꽃의 크기가 작을수록, 적당한 두께의 웨이브가 강한 꽃일수록 가공이 용이하다. 그린류도 침수방식으로 가공할 경우 잎과 줄기가 너무 부드러우면 형태가 잘 잡히지 않을 수 있고 지나치게 딱딱하면 탈색시키는 데 오랜 시간이 걸리므로 적당히 두껍고 단단한 것이 가공에 유리하다.

표2-1 가공하기 쉬운 꽃의 특징

구분	가공하기 쉬운 꽃의 특징
꽃잎	비교적 두껍고 단단하며 겹겹으로 이루어짐
색상	옅은 색일수록 탈색이 잘되어 가공에 유리
꽃의 크기	작을수록 가공하기 쉬움
웨이브	웨이브가 강할수록 가공이 잘됨
잎 종류	적당히 두껍고 단단함

(2) 적합한 꽃의 종류

　프리저브드 플라워에 적합한 꽃으로는 장미가 단연 우위에 놓인다. 그러나 장미의 경우에도 품종에 따라 차이를 보이는데 꽃잎이 단단한 품종이 비교적 가공이 쉽다. 레가

그림2-1 적합한 꽃의 종류

토, 아쿠아, 헤븐, 보난자, 유미, 플로리다, 골든게이트, 브루토, 어피니티, 앙상블, 일레우스, 럭셔리, 오션 등은 비교적 가공이 잘되는 품종이다. 미니장미는 더욱 쉽게 효과를 볼 수 있다.

카네이션, 작약, 달리아, 컬러, 천일홍, 맨드라미, 히아신스, 수국, 안개꽃, 그리고 심비디움, 덴파레 등의 난 종류도 가공이 가능하다. 유칼립투스나 편백, 비단향, 레몬잎, 아스파라거스, 페퍼트리, 장미잎, 단풍잎, 상수리잎, 아이비, 너도밤나무 열매, 금보수, 에키놉스, 엘레지움, 석송, 골든볼, 시네신스 등의 그린류와 다북쑥, 강아지풀, 갈대와 같은 야생초도 가공에 적합한 자연소재이다.

가공용액과 염료

프리저브드 플라워 용액이란 생화를 보존처리하는 데 필요한 화학성분의 용액을 말한다. 프리저브드 플라워 용액으로는 크게 두 가지가 있다. 탈수·탈색용액과 보존용액이 그것인데 탈수·탈색 용액은 생화 자체가 가지고 있는 수액, 색소, 엽록소 등을 제거하는 용액이다. 보존용액은 탈수·탈색된 생화를 보존처리하는 용액이다. 이처럼 탈수 보존처리에 두 단계를 거치는 방식을 더블 방식이라 하는데 주로 꽃에 사용하는 방식이다. 한편, 두 가지 단계를 한 번의 과정으로 가공하는 시그마용액과 같은 싱글 방식의 용액도 있다.

(1) 탈수·탈색용액

프리저브드 플라워 가공용액 중 탈수 및 탈색을 담당하는 용액으로 흔히 알파(α)용액으로 불린다. 알파용액은 꽃의 수액과 색소, 엽록소 등을 빼내는 역할을 한다. 색소가 제거되지 않으면 착색하고자 할 때 원하는 색상을 얻을 수 없을 뿐만 아니라 시간이 지남에 따라 색상도 원래의 색이 점점 없어지면서 결국은 갈색으로 변해버린다.

(2) 보존용액과 염료

보존용액은 탈수가 이루어진 꽃의 조직에 흡수되어 유연성을 가하고 형태를 고정시키는 보존제의 역할을 하는 용액으로 베타(β)용액이라고 불린다. 프리저브드 플라워의 생화와 같은 촉감은 보존용액에서 비롯되는 것이다. 베타용액으로 보존처리를 할 때, 여기에 원하는 색상의 염료를 떨어뜨려 섞어 주면 보존처리와 동시에 착색이 이루어진다.

(3) 기타 용액

① 안개꽃 등의 물올림 용액

탈수, 보존, 염색이 동시에 이루어지는 싱글 방식의 용액으로 물올림이 잘 되고 꽃송이가 작은 안개꽃, 미스티, 미니 장미 등에 주로 활용된다. 싱글방식 용액은 시그마 용액이라고도 한다.

② 그린(green) 전용 용액

그린 전용 용액은 잎 종류를 가공하는 용액이다. 물올림 방식이나 침수 방식으로 사용한다.

③ 표백

표백용액은 알파용액 처리 후 밝고 맑은 꽃을 얻기 위해서 사용한다. 표백처리 후에는 반드시 알파용액에 다시 담갔다가 용액을 제거하고 베타용액에 넣어야 한다. 표백용액은 휘발성의 인화 액체이므로 취급주의 교육을 이수한 자만 사용할 수 있다.

그림2-2 가공용액

그림2-3 염료

DIY 프리저브드 플라워 가공법

(1) DIY 프리저브드 플라워의 장점

　자신이 직접 프리저브드 용액을 사용하여 생화를 프리저브드 플라워로 가공하거나 그것으로 작품을 제작하는 것을 DIY(Do-It-Yourself) 프리저브드 플라워라 한다. DIY 프리저브드 플라워는 주변의 꽃이나 그린류를 손쉽게 프리저브드 플라워로 변신시킬 수 있고, 기성 프리저브드 플라워보다 저렴한 비용으로 자신이 원하는 작품을 만들 수 있는 이점이 있다. 또한, 자신이 원하는 색깔로 자유로이 꽃이나 잎의 색상을 표현할 수 있고 자신만의 독창적인 작품을 만들 수 있어 직접 제작의 재미와 성취감을 얻을 수도 있다.

(2) 준비물

　꽃, 그린(식물의 잎 종류), 원예용 가위, 얇은 고무장갑, 프리저브드 플라워 가공용액 각 1L, 염료, 밀폐용기 2개, 작은 소쿠리, 핀셋, 거베라 캡, 무게추(너트), 핀, 신문지, 휴지, 종이컵, 계란판, 실리카겔 등

(3) 가공 과정

　생화를 프리저브드화 시키기 위해서는 탈수, 탈색 과정과 착색, 보존의 과정 그리고 건조 과정이 필요하다. 생화의 수분을 빼내고 수분이 빠진 조직에 수분 대신 보존제로 치환하는 프리저브드 가공방법은 그다지 어렵지는 않다. 그러나 용액의 양과 꽃의 양과의 비율, 침지시간, 염료의 농도 등을 잘 맞추어야 원하는 결과를 얻을 수 있으므로 어느 정도 지식과 경험이 필요한 작업이다. 다음은 DIY 프리저브드 플라워를 〈탈수 및 탈색〉, 〈착색 및 보존〉의 더블 방식으로 만드는 과정이다.

DIY 프리저브드 플라워 준비물

① 꽃 준비

㉮ 꽃 선택 요령

먼저 가공할 꽃을 구입하여야 한다. 프리저브드 플라워는 생화의 상태를 그대로 반영하기 때문에 구입 시 상태가 좋은 꽃을 고르는 것이 중요하다. 꽃잎은 전체적으로 색상이 선명하고 만져 보아 팽팽하고 탄력이 있으며 상처가 없어야 한다. 개화 상태는 고르게 잘 핀 것이 좋다. 지나치게 핀 것은 가공 후 꽃잎이 떨어질 수 있다.

장미의 경우 꽃잎이 많고 단단하며 꽃받침은 녹색으로 싱싱하고 위로 향해 있는 것이 좋다. 줄기도 상처 없이 싱싱한 것을 고르고 절단면의 색이 변했거나 마른 것은 오래된 것이므로 피한다. 잎은 광택이 나고 탄력이 있는 것을 고르고, 말려 있거나 구멍 난 것은 피한다. 꽃의 크기와 색상은 중간 크기의 핑크 계통, 노랑 계통, 주황 계통 등 옅은 색이 탈색에 용이하다.

㉯ 물올리기 요령

㉠ 채취해서 어느 정도 시간이 경과하였거나 시장에서 구입해온 꽃은 물올리기를 해

주어야 한다.

ⓛ 먼저 사선으로 줄기 아랫부분을 잘라 내고 물에 잠기는 잎을 떼어낸 후 물에 담그거나 혹은 물에 잠길 수 있는 잎을 떼어 낸 후 물에 담근 상태에서 가지치기를 한다. 물에 미지근한 알코올을 조금 넣어주면 물올리기가 수월하다.

ⓒ 물은 수돗물을 받아 그냥 쓰는 것보다는 끓여서 따뜻한 정도로 식혀 사용하거나 수돗물을 받아 하루 정도 두어 윗물만 따라서 쓰는 것이 좋다. 또 물올림에는 pH 3.5 정도의 산도가 적당하므로 구연산을 적정량 넣거나 식초를 몇 방울 떨어뜨려 산도를 조정해 주는 것도 좋다.

② 꽃 가공하기

㉮ 꽃 자르기 및 무게 늘리기

물올림을 통해 꽃이 예쁜 상태로 피면 꽃받침에서 줄기가 약 2~3㎝를 남게 꽃을 자른다. 아래로 처진 꽃받침은 위를 향해 꽃을 감싸도록 해 주고 그것이 그대로 유지될 수 있도록 플라스틱 캡을 씌워 준다. 그 다음 꽃이 용액 위로 뜨지 않고 잘 가라 앉아 골고루 용액이 침투할 수 있도록 볼트와 핀을 사용하여 무게를 늘려준다. 즉, 플라스틱 캡을 씌운 바로 아래 줄기 부분에 볼트를 끼운 후 볼트가 빠지지 않도록 핀을 꽂아준다.

㉯ 탈수 및 탈색하기

생화를 알파용액에 넣어 꽃의 수분과 원래의 색소를 제거하는 단계이다. 밀폐할 수 있는 용기에 알파용액을 부은 다음, 준비한 꽃을 넣고 용기 뚜껑을 닫는다. 용기의 크

그림2-5 꽃 자르기

그림2-6 무게 늘리기

그림2-7-1 알파용액 침지

그림2-7-2 표시내용 기재

그림2-7-3 알파용액 제거

기는 용액 1L를 넣어 80% 정도 찰 수 있는 정도가 좋다. 꽃의 수량은 꽃끼리 서로 부딪히지 않을 정도로 여유가 있도록 한다. 대개 용액 1L에 보통 크기 장미 20송이를 탈수할 수 있다. 용기에는 용액의 종류와 양, 작업일시, 꽃의 종류와 개수, 음용불가 표시 등을 기재하여 붙인다.

탈수 및 탈색에 걸리는 시간은 꽃의 종류와 용액 사용 횟수에 따라 다르나 대략 12시간~48시간 정도이다. 새 용액의 경우 12시간~24시간 정도면 완성되고 몇 차례 사용한 용액은 시간을 좀 더 늘려 주어야 한다. 이는 꽃에서 빠져나온 색소와 수액이 용액에 섞이면 점차적으로 탈색기능이 약해지기 때문이다.

알파용액 속의 꽃은 시간이 어느 정도 경과하면 꽃받침과 줄기의 색상이 흰색이나 연한 갈색으로 변하는데 이때가 탈수 및 탈색이 완성된 시기이다. 탈수가 끝나면 핀셋 등을 사용하여 조심스럽게 꽃을 꺼내 소쿠리 등에 받쳐 용액을 제거한다. 이 단계의 꽃은 수분이 없어 바삭해져 있으므로 꽃잎이 다른 것에 부딪혀 깨지지 않도록 각별히 주의한다.

㉰ 착색 및 보존처리하기

탈수 및 탈색된 꽃을 보존용액에 넣어 착색과 보존처리를 하는 단계이다. 먼저 보존

그림2-8-1 염료 타기

그림2-8-2 염료의 색상 확인

그림2-9-1 베타용액 침지

그림2-9-2 건지기

용액 1L을 넣어 80% 정도 찰 수 있는 밀폐용기와 보존용액, 전용염료를 준비한다. 용기에는 용액의 종류와 양, 꽃의 종류와 수량, 작업일시, 색상, 음용불가 표시 등을 기재한다. 그 다음 용기에 베타용액을 붓고 원하는 색깔의 염료를 넣어 색상을 조절한다. 전용염료는 고농축이므로 한 방울씩 떨어뜨리면서 원하는 색상을 만든다. 염료를 떨어뜨린 후에는 잘 저어 색상이 고르게 나오도록 한다. 용액에 흰 휴지를 핀셋으로 집어넣어 색상을 확인해 볼 수 있다. 필요 이상으로 짙어진 경우에는 베타용액을 적당히 추가하고 연하면 염료를 더 넣는다.

준비가 끝났으면 알파용액에 넣었던 꽃을 염료를 잘 배합한 베타용액에 넣어 충분히 잠기도록 한다. 용기의 뚜껑을 꼭 닫아 밀폐시킨다. 착색 보존처리에 걸리는 시간은 꽃의 종류와 수량에 따라 다르나, 보통 12시간~72시간 정도 걸린다. 꽃받침과 줄기가 같은 색상으로 염색이 되었으면 완성된 것으로 볼 수 있다. 첫 용액의 경우에는 약 12시간 이내에 완성된다.

착색 및 보존 처리가 끝난 꽃은 핀셋 등으로 꺼내어 작은 소쿠리에 받쳐 용액을 제거한다. 사용한 베타용액은 알파용액보다 재사용이 용이한데, 사용 중에 증발을 최대한 막아주면 더 여러 번 사용할 수 있다. 베타용액에 지나치게 오래 담가둘 경우 꽃이 무거워질 수 있으므로 담가두는 시간을 잘 조절한다.

㉣ 건조시키기

건조 장소는 직사광선이 닿지 않는 서늘하고 통풍이 잘되는 곳이 적당하다. 자연 건조는 꽃의 종류와 크기, 염료의 색상에 따라 다르나 약 2~5일 걸린다. 건조방법으로는 플로랄폼에 꽂는 방법, 종이로 된 계란판의 오목한 부분에 똑바로 세워놓거나 볼록한 부분에 구멍을 낸 후 꽂아두는 방법도 있다. 한 송이만 건조시킬 경우에

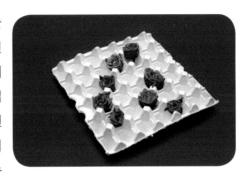

그림2-10 건조(계란판)

는 종이컵을 뒤집은 뒤 십자 모양이나 작은 구멍을 내어 꽂아 놓아도 된다. 건조시간을 줄이는 방법으로는 베타용액에서 꺼낸 후 곧바로 드라이어의 냉풍으로 건조시키거나 50℃ 내외의 식기건조기를 사용하는 방법 등이 있다.

㉤ 보관 및 사용

건조된 프리저브드 플라워는 보관용 상자에 넣어 통풍이 잘되는 서늘한 곳에 보관하고, 작품 제작에 사용한다.

최근에는 탈수와 보존을 단계적으로 행하는 더블방식 외에도
물올림방식의 싱글방식이 널리 행해지고 있다. 물올림방식은
소재를 정리하여 해당 용액에 꽂기만 하면 되므로 매우 쉽고
간단한 방식이다. 결과물이 소재에 따라 다소 시든 듯한 느낌
을 줄 수도 있으나 형태나 색상이 자연스럽고, 드라이플라워와
달리 유연하여 잘 바스라지지 않는다는 장점이 있다.

그림2-11-1 싱글방식 용액

1. 준비물
안개꽃, 물올림용액, 용기, 가위

2. 가공 과정
㉠ 싱싱한 안개꽃을 준비하여 줄기를 적당한 길이만 남기고 사선으로 잘라낸다.

㉡ 줄기 아랫부분의 잎은 깨끗하게 제거한다.

㉢ 용기에 줄기가 3~4cm 정도 잠길 정도 높이로 용액을 넣는다.

㉣ 준비한 안개꽃을 물올림 하듯이 용액 속에 꽂는다.

㉤ 가끔 잠긴 부분의 끝을 재절단한 후 다시 꽂아 준다. 줄어든 용액은 더 채워 준다.

㉥ 3~7일 정도 지나 보기 좋게 색이 올라오면 빼내어서 통기가 잘 되는 그늘에 펴서 말린다.

그림2-11-2 안개꽃 물올림방식 가공

③ 그린류의 가공

㉮ 그린류 가공법

  그린류는 크게 두 가지 방법으로 가공할 수 있다. 하나는 알파와 베타용액으로 가공하는 방법이고, 다른 하나는 그린전용 용액으로 가공하는 것이다. 잎이 적은 아스파라거스, 레더리프 등은 알파와 베타용액을 사용하는 것이 좋고, 잎이 많은 장미잎, 단풍, 유카리, 레몬잎, 아이비 등은 그린용액을 사용하면 가공이 용이하다. 알파와 베타용액으로 가공하는 방법은 꽃을 가공하는 것과 같은 방법이다.

㉯ 그린 전용용액 가공방법(물올림 방식)

  그린류의 줄기 끝부분을 사선으로 자른 후 그린 전용용액에 꽂아준다. 가공하기에 적당한 길이는 15㎝~20㎝ 정도로 길이가 길면 길수록 완성되기까지 시간이 오래 걸린다. 가끔씩 줄기 끝부분을 잘라 주어 용액의 흡수를 보다 용이하도록 한다. 색상이 위 끝부분까지 완전히 올라오면 완성된 것으로 볼 수 있다. 용액은 처음부터 많은 양을 붓지 말고 흡수되는 만큼 조금씩 더 부어주는 것이 좋다. 가공 시간은 종류에 따라 다르지만 대개 3일~14일 정도 걸린다.

  용액이 잎맥에 전체적으로 흡수된 것을 확인한 후에는 담기었던 끝부분을 흐르는 물에 살짝 씻은 뒤 거꾸로 매달아서, 약 2일~7일 건조시킨다.

그림2-12 그린 전용용액 가공

그림2-13 가공된 그린류

표2-2 종류별 가공 소요 시간(출처: 나무트레이딩)

종류	알파용액	베타용액	그린용액
장미	6~24시간	24시간 이상	
카네이션	6~24시간	24시간 이상	
수국	6~12시간	12시간 이상	
덴파레	12시간	24시간 이상	
심비디움	12시간	24시간 이상	
백일홍	4~6시간	12시간 이상	
해바라기	12~24시간	24시간 이상	
안개꽃	12~24시간	24시간 이상	2~4일 꽂기
장미잎			5일 이상 꽂기
아이비, 레몬잎, 유카리			10일 이상 꽂기
갈대, 강아지풀			10일 이상 꽂기
단풍잎	24시간 이상	24시간 이상	5일 이상 꽂기
아스파라거스, 레더팬			10일 이상 담그기

(4) 염료로 색상 표현하기

① 다양한 색상 표현

염료의 색상에는 노랑, 빨강, 청색, 보라, 검정, 흰색, 분홍 등이 있으며, 이들 사이의 혼합으로 다양한 색상과 톤을 만들어 낼 수 있다. 색상 배합은 수채화 물감과 동일한 원리로 노랑과 파랑을 섞으면 초록이 되는 식이다. 섞는 횟수가 증가할수록 농도가 강해지면서 채도는 떨어진다. 흰색은 다른 색상에 섞을 때 파스텔 색상처럼 부드러운 톤을 표현해주는 기능이 있다. 그러나 다른 색상과 달리 염료가 아닌 안료이므로 약간의 침전물이 생길 수 있고 너무 많이 넣으면 약간 뻣뻣한 느낌이 날 수도 있다. 색상의 농도는 꽃의 경우 베타용액, 그린의 경우 그린용액으로 조절해 준다. 예컨대 빨강색의 농도를 베타용액을 더 넣어 낮추면, 좀 더 밝은 빨강을 얻을 수 있다.

② 베이지색 혹은 흰색 꽃

꽃을 알파용액에서 탈수 및 탈색한 후에 염료를 넣지 않은 투명한 베타용액에 담가두면 생화 원래의 색에 따라 베이지색 혹은 흰색 꽃을 얻을 수 있다. 즉, 염료를 넣지 않은 채 보존처리만 하는 경우이다.

그림2-14 단색, 파스텔 톤

그림2-15 표백처리

③ 밝고 맑은 색상의 꽃

표백을 거치면 꽃이 투명하거나 흰색에 가깝게 되어 밝은 색상의 꽃을 만들 수 있다. 표백방법은 알파용액에서 탈수된 꽃을 표백용액에 넣어 약 5~15일 정도 두는 것이다. 표백용액에서 건져낸 꽃은 다시 알파용액에 넣어 헹군 다음 베타용액에 넣는

그림2-16 그러데이션

다. 이때 투명한 느낌의 흰색 꽃을 얻으려면 염료를 넣지 않은 베타용액에서 보존처리를 하고, 색상을 입히려면 염료를 첨가한 베타용액에 넣는다.

⑤ 그러데이션 효과와 투톤 표현

베타용액에 두 가지 이상의 색상을 혼합할 때 색상을 완전하게 섞지 않거나 전용 염료에 성질이 다른 염료를 같이 넣어주면 그러데이션(gradation) 효과를 얻을 수 있다. 혹은 단색으로 건조된 프리저브드 플라워에 그러데이션 효과를 주고 싶다면 베타용액에 기존 색상과 동일한 색상을 더 진하게 타서 꽃잎 중간부분부터 잠시 담갔다가 꺼내서 말리면 된다. 특히, 이미 완성된 흰색 꽃에 다른 색상을 베타용액에 연하게 타서 꽃 윗부분만 1~2초 정도 담갔다가 꺼내어 그대로 건조시키면 색상이 아랫부분까지 번지면서 파스텔톤의 자연스런 그러데이션이 나타난다.

한편, 투톤을 표현하고 싶을 때도 건조 혹은 반건조된 상태에서 다른 색상의 염료를 붓으로 칠하거나 다른 염료를 넣은 베타용액에 꽃잎의 끝부분을 담가 주면 된다.

(5) 작업 시 주의 사항

① 작업환경

통풍이 잘되고 습하지 않으며 화기(火氣)가 없는 편편한 장소에서 작업을 하여야 한다.

② 염료 및 용액 사용

프리저브드 용액과 염료를 사용할 때에는 얇은 고무장갑, 마스크, 소매보호대, 앞치마 등을 착용하는 등 안전에 주의한다. 특히 표백용액은 독성이 있으므로 사용 시 각별한 주의가 필요하다. 염료나 용액이 옷감에 묻으면 지워지지 않을 수 있으므로 주의한다.

용액 폐기 시에는 비닐 안에 신문지 등의 폐지를 넣은 후 흡수시킨 다음 쓰레기봉투에 넣어 처리한다. 용액을 보관할 때에는 항상 용액 이름, 주의사항 등을 기재하고 잘 밀봉하여 타인이 함부로 건드리지 않도록 하고, 특히 어린이의 손이 닿지 않는 냉암소에 보관한다.

Chapter 03

프리저브드 플라워 작품 제작의 기초

01

작품 제작의 필요성과 기본자세

프리저브드 플라워는 그 자체만으로도 가치가 있지만, 디자이너의 손을 거쳐 하나의 작품으로 완성될 때 예술적 가치나 실용성을 더하게 된다. 프리저브드 플라워로 만든 웨딩용 부케는 물론이고 각종 기념일의 선물용품, 백화점의 디스플레이, 이벤트 장식, 주거 공간의 벽시계나 거울, 사진액자 등 생활용품과 실내 인테리어에 이르기까지 다양한 프리저브드 플라워 장식과 공예품들은 모두 작품 제작 과정을 거쳐 탄생되는 것이다. 따라서 작품을 제작하는 것은 프리저브드 가공 못지않게 꼭 필요하고 중요한 작업이다. 가공을 마친 프리저브드 플라워는 작품의 재료이지 완성된 작품이라고 볼 수 없다. 여기에 와이어링이나 테이핑, 글루잉 처리를 하고 플라워디자인과 여러 공예기술을 적용한 디자인 작업을 하여 예술성 혹은 실용성을 지닌 하나의 작품으로 완성시켜야 하는 것이다.

프리저브드 플라워아트는 플라워디자인을 기초로 하면서 타 공예 분야와의 결합을 통해 다양한 시도를 할 수 있는 플라워아트의 한 분야이다. 따라서 프리저브드 플라워로 작품을 만들기 위해서는 기본적으로 플라워디자인에 대한 이해가 선행되어야 한다. 선이나 형태, 색채 등의 디자인 요소를 이해하는 것은 물론 이 요소들을 어떻게 배열하면 멋진 조형이 될 수 있을지 배열의 원칙인 디자인의 원리를 알고 조형에 적용할 수 있어야 한다. 또, 작품 제작에 필요한 디자인 기법과 타 공예 기법들을 알아두면 원하는 작품을 보다 효과적으로 제작할 수 있다.

아울러 플라워 디자이너는 항상 더 나은 작품을 만들기 위한 노력을 게을리 하지 않아야 한다. 즉, 많이 만들어 보는 연습과 다른 사람들의 작품을 두루 접해서 작품에 대한 안목을 키워가는 것이 필요하고 프리저브드 플라워에 어울리는 새로운 소재를 발굴하고 조형을 연구하는 진지한 탐구자세가 중요하다.

플라워디자인의 요소와 원리

멋진 작품을 만들려면 디자인에 대한 이해가 있어야 한다. 디자인에는 그것을 구성하는 요소와 그 요소들을 기술적으로 잘 조절하여 그것들 사이에 질서와 규칙이 생겨나도록 하여 아름답고 멋진 디자인이 되도록 하는 디자인의 원리가 있다. 플라워디자인에 있어서 중요한 요소로는 선, 형태, 색채, 질감, 공간, 깊이 등이 있고 디자인 원리로는 구성, 조화, 통일과 변화, 균형과 비율, 리듬, 강조, 대비 등의 원리가 중요하다.

요리를 함에 있어 신선한 재료와 미각을 돋우는 맛, 먹음직스런 모양과 식욕을 자극하는 냄새, 맛깔스런 색 등을 잘 어우러지게 하면 멋진 요리를 만들 수 있듯이 마찬가지로 플라워디자인도 선이나 형태, 색채, 질감 등의 요소를 디자인의 원리에 따라 잘 조절하여 배열하면 멋진 화훼장식을 만들어 낼 수 있다.

(1) 플라워디자인의 요소

① 선(line)

화훼장식에 있어 선은 디자인에 모양과 구조, 높이, 넓이, 깊이 등을 제공하는 중요한 디자인 요소이다. 보는 이의 시선을 유도하여 리듬감과 방향성, 운동감을 느끼게 하여 분위기와 감정을 조절하기도 한다.

선에는 실제 존재하는 물체선과 실제로 존재하지는 않지만 꽃이나 식물, 색, 형태 등 일련의 반복적인 요소에 의해 만들어질 수 있는 암시적인 선, 그리고 마음으로 장식물 내의 꽃이나 물체를 연결할 때 이루어지는 심리적 선이 있다. 선의 방향은 수직선, 수평선, 사선, 곡선으로 나눌 수 있으며 대체로 직선은 공식적인 느낌을, 곡선은 자연적인 느낌을 주고 교차되는 선은 망설이는 느낌을 준다. 수직선은 높이와 힘을 강조하고 공식적이고 엄숙한 느낌을 주므로 그러한 분위기의 공간에 사용하면 좋다. 수평선은 넓

그림3-1 선의 아름다움을 살린 작품(박은주)

그림3-2 잎을 방사형으로 조합하여 꽃 형태로 만든 작품

이에 큰 비중을 주며 안정감과 평화로움을 나타낼 때 사용한다. 사선은 동적이며 강렬하고 힘 있는 운동감, 흥분되는 느낌을 준다. 그러나 지나치게 사용하면 혼잡해 보일 수도 있으므로 유의한다. 곡선은 사선과 비슷하지만 좀 더 부드럽고 여성스러우며 자연스런 느낌과 안정감을 주며, 다른 방향의 선과 같이 사용하면 흥미와 부드러움을 더해준다.

② **형태(form, shape)**

형태는 점, 선, 면 등이 연장되거나 확장, 발전, 변화되어 서로 간에 밀접한 관계를 형성하여 이루어지는 것으로 물체나 공간의 3차원적인 측면이다. 플라워디자인은 기본적으로 용기, 꽃이나 식물, 식물 외 장식물 등 형태가 다른 물체들의 배열이다. 이러한 물체들의 형태를 기술적으로 잘 배열하여 혼합시키면 형태의 특징과 느낌에 따라 보는 이의 감정을 조절하고 시각적인 즐거움을 느끼게 한다.

독특한 모양의 꽃이나 식물은 그 독특한 형태 때문에 쉽게 사람의 시선을 끌 수 있어 디자인의 강조점으로 흔히 사용한다. 여러 형태를 혼합시킬 때는 그 중 한 가지 형태를 많이 사용하여 강조하도록 하는데 그것은 디자인 내 소재들을 통합시켜 주제를 나타내고 디자인에 통일감을 주기 때문이다. 성공적인 디자인은 여러 가지 형태를 적절하게 잘 혼합한 것이다.

그림3-3 붉은 색 계열의 주조색에 반대색으로 변화를 준 작품

③ 색채(color)

사람은 물체를 인식할 때 색채, 형태, 질감 순으로 가장 먼저 색을 인식한다고 한다. 이처럼 색은 사람의 시선을 가장 쉽게 유도하는 시각적 요소로서 플라워디자인에 있어 균형과 깊이, 강조, 리듬, 조화 및 통일감을 이루는 데 큰 몫을 차지한다. 플라워디자인의 시각적 성공은 주로 색과 색의 관계에 달려 있다고 해도 과언이 아니다. 따라서 색에 대한 바른 이해는 성공적인 디자인을 위한 필수 사항이다. 색에 대한 더 자세한 사항은 별도로 후술한다.

그림3-4 잣 껍질의 딱딱한 질감과 꽃의 부드러움을 대비시킨 작품

④ 질감(texture)

질감은 물체가 지니는 표면적 성격이나 특징을 말한다. 손으로 만져지는 촉각적인 느낌이나 시각적으로 느껴지는 감각으로 거칠다, 부드럽다, 반짝인다, 밋밋하다 등 여러 가지로 표현된다.

질감은 자칫 소홀하게 생각될 수도 있는데 사실은 화훼장식의 깊이와 흥미, 변화를 더해줄 수 있는 중요한 요소이다. 그래서 재료를 선택할 때 질감을 고려하는 일도 잊어서는 안 된다. 질감이 비슷한 재료를 적절히 혼합하면 조화와 통일감을 얻을 수 있고, 다양한 질감 또는 반대되는 질감을 잘 배열하면 나름대로 멋진 디자인 효과를 만들어 낼 수 있다. 용기와 장식물의 질감도 꽃이나 식물소재의 질감과 조화를 이루도록 하는 것이 중요하며 꽃과 식물소재를 돋보이게 하는 역할을 할 수 있어야 한다.

일반적으로 유리, 황동, 은, 세라믹 등으로 만들어진 매끈하고 반짝거리는 질감을 가진 용기나 장식물은 우아하고 공식적인 분위기를 느끼게 하며, 짚, 도기, 목재 등과 같은 거친 질감을 가진 용기나 장식물은 자연적이고 비공식적인 느낌을 준다. 고운 질감의 식물은 시각적으로 멀어지는 것 같은 느낌이 나고 반면에 거친 질감은 앞으로 나오는 듯이 보인다. 따라서 공간 내 배치 시 고운 질감의 장식물은 앞쪽에, 거친 질감의 장식물은 뒤쪽에 배치하는 것이 좋다.

⑤ 공간(space)

공간은 흔히 지나치기 쉬우나 선과 형태에 가치를 더해주는 결코 소홀히 할 수 없는 디자인 요소이다. 공간은 크게 형태가 자리한 양성적인(positive) 공간과 비어있는 음성적인(negative) 공간으로 구분할 수 있다. 양성적 공간은 재료가 꽉 채워진 공간이며 의도적으로 계획한 적극적인 공간이다. 음성적 공간은 재료가 채워지지 않고 자연스럽게 만들어진 공간이며 소극적인 공간이다. 빈 공간 역시 매우 중요한데 이유는 이러한 공간이 디자인의 형태에 영향을 줄 뿐 아니라 디자인의 혼잡을 없애고 특정 구성 요소를 강조하는 역할을 할 수도 있기 때문이다. 또 빈 공간 없이 비슷한 물체가 인접하여 있으면 그 물체의 우수성이 줄어들거나 상실될 수 있다. 특히 나뭇가지나 선적인 요소를 중요하게 여기는 디자인에서는 빈 공간을 잘 이용하는 것이 매우 중요하다.

그림3-5 음과 양의 공간이 조화로운 작품(서복순)

⑥ 깊이(depth)

적절한 깊이감은 플라워디자인의 균형감 형성에 도움이 된다. 따라서 디자인에 깊이감을 조성하는 것도 중요하다. 깊이감을 표현

상이한 화재와 소재를 높낮이를 두거나 겹치게 배열하여 깊이감을
준 작품

하는 방법은 재료의 크기나 색상, 명도를 통하여 표현하거나 줄기선의 각도 조절, 또는 꽃을 겹치게 배열하는 방법 등이 있다.

예를 들어 줄기 각도의 경우, 가장 뒤에 있는 것은 약간 더 뒤로 젖히고 맨 앞의 줄기는 앞의 밑으로 늘어뜨리며 가운데는 점진적으로 각도에 변화를 주면 깊이감을 만들어 낼 수 있다. 또 꽃을 배열할 때 부분적으로 다른 꽃을 가리거나 꽃의 길이를 약간 다르게 해 주면 깊이감과 함께 자연스러운 느낌을 만들어 낼 수 있다.

(2) 플라워디자인의 원리

디자인의 원리는 디자인의 요소들을 잘 조절하여 그들 간에 질서와 규칙을 이루도록 배열하여 디자인의 심미성(審美性)과 조형성(造形性)을 구현하는 원리이다. 구성, 조화, 통일과 변화, 균형과 비율, 강조와 대비, 율동 등이 여기에 해당된다.

좋은 디자인은 일단 보았을 때 멋있고 아름답게 느껴진다. 즉, 시각적 인상이 좋다. 자세히 들여다보면 뛰어난 조형의 비례와 색의 조화, 균형감이 갖추어져 있고 다양한 소재가 하나로 통합되어 주제가 느껴지고 통일감이 있으면서도 지루하지 않고 흥미와 즐거움을 주는 시각적 요소들이 잘 어우러져 있다.

① 구성(composition)

구성이란 몇 가지 디자인 요소를 하나로 짜 전체를 이루는 것을 말한다. 작품 속의 작은 구성 요소들이 전체 형태를 구성하여 하나의 작품으로 완성되도록 하는 것이다.

그림3-7 화기와 꽃의 조화가 돋보이는 작품

구성은 작품을 만들기 전에 미리 구상하고 작품을 디자인하면서 조정해 가는 방법으로 이루어진다. 작품 구성에 있어 디자이너의 의도와 감정을 표현하기 위한 소재와 주제는 시간(Time), 장소(Place), 사용될 목적(Occasion)에 맞게 선택해야 한다.

② 조화(harmony)

조화는 플라워디자인의 핵심적인 원리로서 두 개 이상의 여러 디자인 요소들이 인접하거나 결합하였을 때 서로 배척하지 않고 통일된 전체로서 잘 어울리는 현상이다. 디자인의 다양한 요소들이 적절한 관계를 이루지 못하여 부조화가 초래되면 보는 이는 혼란스러움을 느끼게 된다.

조화에는 크게 유사조화와 대비조화가 있다. 유사조화는 서로 공통성을 가진 비슷한 요소들의 조화로서 정적인 분위기를 형성하며 친근함, 부드러움, 통일감을 준다. 그러나 지루한 느낌이 들고 명시성과 주목성이 약할 수 있다. 대비조화는 동적인 조화로 전혀 다른 요소들이 대립되면서 나타나는 조화로 극적이며 강한 강조의 느낌을 준다. 그러나 지나친 대비는 오히려 조화를 방해한다. 따라서 전체적으로는 유사조화를 꾀하고 5~10% 정도만 대비조화가 이루어지게 하는 것이 좋다.

③ 통일(unity)과 변화(variety)

통일은 여러 가지 요소들이 서로 상관관계를 갖고 하나로 완성되어 있는 상태를 말하며, 다양한 디자인 요소들을 하나로 묶어주는 역할을 한다. 통일을 주는 방법으로는 동일한 소재, 동일한 기법의 사용, 일정한 방향으로의 표현 등이 있다. 통일감을 주기 위해서는 전체를 하나의 단위로 바라보는 것이 중요하다. 전체적인 구성이 개별 부분들을 압도하도록 디자인하는 것이다.

변화는 구성요소를 달리함으로써 시각적인 자극을 주고 흥미를 더하는 원리이다.

변화와 통일이라는 두 원리는 어느 한쪽으로도 기울지 않은 평형저울처럼 균형을 이루어야 한다. 통일에만 치중하면 지루하고 단조로운 디자인이 될 수 있고, 변화를 너무 강조하면 통일감이 사라져 산만한 디자인이 될 수 있기 때문이다. 통일과 변화를 어떻게 조화롭게 하는가, 균형 있게 구현하는가는 조형에서 가장 어려우면서도 중요한 문제이다. 어떻게 보면 디자인 혹은 조형의 많은 원리들은 결국 변화와 통일이라는 이 원리로 귀결된다고 할 수 있다. 한마디로 재미있으면서도 안정된 느낌을 주는 디자인을 해야 한다.

그림3-8 통일감 속에 변화를 주어 재미를 느끼게 하는 작품
(방진화)

④ 균형(balance)

균형은 작품에서 시각적인 무게감을 동등한 분배로 구성하여 안정감을 꾀하는 원리이다. 균형에는 물리적인 균형과 시각적인 균형이 있는데 물리적 균형은 말 그대로 실제 무게의 균형을 말하는 것이며, 시각적 균형은 비대칭일지라도 색채나 질감 등으로 인하여 시각적으로 균형 있게 보이는 것을 말한다. 균형은 성공적인 디자인의 필수 사항이다. 그러므로 플라워디자이너는 일단 재료들이 선택되면 대칭, 비대칭 등 어떤 형태로 균형을 이루게 할 것인가를 구상해야 한다.

그림3-9 시각적 균형감을 느끼게 해 주는 작품(박현주)

그림3-10 비율적 구성이 잘 된 작품

그림3-11 명도의 차이로 형태가 강조된 작품

⑤ 비율(proportion, 비례)

플라워디자인에서 비율이란 구성요소 간의 상대적인 크기 관계를 의미하며 높이, 넓이, 깊이의 관계로 표현한다. 좋은 비율은 균형감과 안정감을 주는 배열로서 1 : 1.618이라는 황금분할이 대표적이다. 형태가 좋은 비율이 되도록 하려면 비례관계에 강약의 리듬을 주고, 비례를 잡아가는 과정마다 항상 완벽한 비례로 정리해야 한다. 즉, 커다란 부분에 대한 작은 부분의 비율은 커다란 부분의 전체에 대한 것과 동일하게 비례하도록 구성해야 좋은 비율 구성이 된다.

⑥ 강조(accent)

강조는 많은 것들 중에 일부를 다르게 구성하여 두드러지게 하는 것으로 시선을 집중시키는 데 효과적이다. 따라서 강조는 작품에 흥미를 유발하고 주의를 끌 수 있는 가장 좋은 방법이다. 그러나 강조 요소가 지나치게 압도적이어서는 곤란하다. 강조는 어디까지나 구성의 일부로서 전체와의 조화가 이루어지도록 해야 한다. 화훼장식에 있어 강조는 주로 디자인의 초점에 의해 이루어진다.

⑦ 대비(contrast)

대비는 서로 다른 성질 혹은 분량을 달리하는 둘 이상의 요소들이 공간적, 시각적으

로 인접하여 있을 때 성질의 차이가 더욱 과장되어 나타나는 현상이다. 즉 대비는 상대편의 반사성질에 의해 각자가 가진 특징과 속성들을 돋보이게 하므로 각각의 개성이 뚜렷해지고 시각적 효과가 강하게 된다. 긴 것과 짧은 것, 큰 것과 작은 것, 무거운 것과 가벼운 것, 넓은 것과 좁은 것 등은 이들을 인접시키면 대비 효과가 일어나 서로의 특성을 신장시키며 대담하게 조화를 이루어 풍부한 가치를 형성하게 된다.

그림3-12 색채의 대비를 시도한 작품(서복순)

화훼장식에서는 시각적인 방법으로 대비의 효과를 나타낼 수 있다. 즉 면적, 형태, 명도, 채도, 색상, 질감 등에 대비의 원리를 이용할 수 있다. 대비에 있어 중요한 것은 강한 대비가 아니라 적절한 대비이다. 예컨대 넓은 부분을 형태의 중심으로 잡고 좁은 부분은 변화와 개성을 주는 식으로 면적대비를 시키면 좋은 효과를 볼 수 있다.

⑧ 율동(rhythm)

율동은 유사한 형(形)들이 일정한 규칙과 질서를 유지할 때 나타나는 느낌으로 정적

인 대상이 가지는 시각적 운동감을 말한다. 플라워디자인에서 리듬은 주로 비슷한 색, 모양, 조직, 선 등을 반복하여 표현할 수 있다. 또, 중심에서 방사(放射)되는 형태로도 율동적인 느낌을 줄 수 있고, 형태나 색에 단계적인 변화를 주는 그러데이션의 방법으로 경쾌한 리듬감을 표현할 수도 있다.

그림3-13 리듬감이 부각된 작품(유영미)

그림3-14 간결미가 돋보이는 작품(김유이)

⑨ **단순(simplicity)**

디자인에서 명료함도 매우 중요하다. 아름다움은 많은 양의 재료를 장식하는 데서 오는 것이 아니다. 혼잡한 디자인은 오히려 리듬을 잃게 되고 주제를 불분명하게 하여 역효과가 날 수도 있다. 단순한 디자인에서 강조점을 비롯한 주제가 명확해질 수 있다.

프리저브드 플라워아트의 특징

(1) 와이어나 다른 소재를 사용한 줄기 표현

프리저브드 플라워는 일반 생화와는 다르기 때문에 작품 디자인 또한 상이한 점이 있다. 우선 자연 줄기가 없으므로 꽃 자체의 자연줄기를 이용하여 작품을 만드는 데는 제약이 있다. 그래서 길게 꽂아 시원시원한 느낌을 주는 디자인보다는 붙이거나 나지막하게 꽂아 단정한 느낌, 아담하고 아기자기한 느낌을 주는 형태가 제작이 수월하

그림3-15 철사 사용 줄기(김현희)

다. 줄기를 필요로 하는 디자인을 제작할 때는 와이어로 줄기를 만들어 주거나 다른 라인소재를 이용하여 줄기를 표현해 줄 수 있다.

(2) 닫힌 공간 내 디자인이 유리

프리저브드 플라워는 습기에 약하기 때문에 보관 환경에 유의할 수밖에 없다. 따라서 작품 디자인 자체도 프리저브드 플라워의 장점을 최대한 살릴 수 있도록 기능적 측면을 고려하여 습기의 유입을 막을 수 있는 용기나 프레임 안에 디자인을 하는 형태가 가장 좋다. 즉, 밀폐할 수 있는 투명 아크릴이나 유리용기, 액자 형태로 디자인 하는 것이다. 이때 용기나 프레임도 디자인의 일부에 속하게 된다. 밀폐 용기를 이용한 디자인은 꽃에 먼지가 묻는 것도 막을 수 있는 이점이 있다.

그림3-16-1 터널형 케이스 사용

그림3-16-2 돔형 케이스 사용(김수정)

(3) 입체, 평면구성이 모두 가능

프리저브드 플라워는 평면, 입체, 반입체 등 어떤 디자인으로도 작품을 구성할 수 있다. 즉, 전통적인 어렌지먼트와 같은 입체적 작품은 물론이고 콜라주와 같은 반입체적 구성, 꽃잎이나 잎 등을 이용하여 압화와 같은 평면적 구성의 작품 제작도 가능하다.

그림3-17-1 입체

그림3-17-2 반입체

그림3-17-3 평면

(4) 공예적 성격이 강하다

프리저브드 플라워아트는 화훼장식에 속하면서도 공예적인 특성이 강하다. 작품 중에는 화훼장식적 특성이 강한 작품이 있는가 하면 액세서리와 같이 공예에 속하는 것도 있다. 그래서 프리저브드 플라워아트를 프리저브드 플라워장식과 프리저브드 플라워공예로 나누기도 한다. 그러나 양자를 엄격하게 구분하는 것은

그림3-18 열쇠고리, 목걸이

쉽지 않다. 화훼장식에 역점을 둔 작품도 일일이 꽃잎을 벌려 꽃송이를 키운다든지 꽃잎을 따서 새로운 형태를 만들거나 와이어 장식물이나 구조물을 만드는 등 일련의 작품제작 과정에 공예적 요소가 포함될 수 있기 때문이다. 또 공예 쪽에 가까운 작품도 꽃 자체를 만들어 내는 것이 아니라 이미 있는 꽃을 사용하며 화훼장식 디자인을 활용하여 장식을 한다는 점에서 화훼장식적 요소를 배제하기 어렵다. 요약하자면 프리저브드 플라워아트는 순수한 화훼장식의 범위를 벗어나 공예의 특징을 강하게 지닌 새로운 범주의 플라워아트라고 볼 수 있다.

(5) 타 분야와의 접목

프리저브드 플라워아트는 플라워디자인뿐만 아니라 와이어공예나 리본공예, 목공예, 한지공예, 비즈, 보석, 석고방향제, 압화, 아트플라워, 드라이플라워 등 여러 공예 기술이나 다양한 재료를 접목시켜 작품의 완성도를 높이고 작품 세계를 다양화할 수 있다. 이러한 특징은 프리저브드 플라워아트의 공예적 성격을 강화하는 것이기도 하다. 프리저브드 플라워와 함께 와이어나 비즈, 리본, 깃털 등을 이용한 부케, 보석 공예를 접목한 프리저브드 플라워 액세서리, 한지공예와 결합시킨 보석함이나 스탠드 등은 모두 타 공예 기술과의 결합으로 이루어지는 작품이다.

그림3-19-1 와이어 공예 활용작품(손다슬)

그림3-19-2 석고방향제와의 접목

(6) 다양한 화기 사용

생화장식은 물을 담을 수 있는 형태의 화기나 플로랄폼이 필수적이지만, 프리저브드 플라워는 물이 필요 없으므로 화기의 선택 폭이 훨씬 넓어진다. 도자기, 병 등의 입체적인 화기는 물론이고 액자나 판 형태, 접시, 직물 등의 평면적인 형태, 와이어나 마른 자연소재로 만들어 디자인의 일부를 이루면서 지지대의 역할도 할 수 있도록 고안된 다양한 형태의 구조물 또는 거울, 스탠드, 모자, 구두 형태 등 프리저브드 플라워를 장식하고 디자인할 수 있는 화기나 프레임의 형태나 종류는 무제한적이다. 즉, 프리저브드 플라워아트는 용기나 화기에 구애됨이 없다.

그림3-20-1 다양한 화기

그림3-20-2 유리화기 어렌지먼트

(7) 화재의 변형과 재구성

색깔이 다른 여러 송이의 꽃잎을 뜯어서 독특한 색조합의 꽃을 만든다든지, 꽃잎이나 잎을 원하는 모양으로 재단하여 사용하거나 해체한 꽃이나 잎으로 전혀 다른 형태의 자연물이나 추상물로 재구성 하는 등 프리저브드 플라워는 화재(花材)를 재구성하여 독창적이고 재미있는 작품도 만들 수 있다.

그림3-21 꽃잎 인형(구경순)

(8) 밝고 화사한 색상 선호

프리저브드 플라워 작품은 대체로 밝고 화사한 색상이 어울린다. 물론 어둡고 탁한 색상이 사용되지 않는 것은 아니지만 화사한 색상을 사용한 작품이 고급스러운 프리저브드 플라워의 이미지와 잘 맞는 편이다. 그래서 부재료도 반짝거리거나 화려한 느낌, 매끈한 느낌, 우아한 느낌의 재료들이 많이 활용된다.

그림3-22 밝은 색상의 작품(임평은)

프리저브드 플라워디자인의 형태

플라워디자인에는 지역별, 시대별로 다양한 형태가 나타나고 발전되어 왔다. 동양 스타일, 서양 스타일, 유러피언 스타일 혹은 전통적 스타일, 현대적 스타일 등 구분하는 기준도 다양하다. 프리저브드 플라워디자인도 이들의 형태에서 크게 벗어나지 않는다. 여기에서는 용도별 형태에 비추어 간단히 살펴보고자 한다.

(1) 어렌지먼트(arrangement)

플라워 어렌지먼트는 흔히 꽃꽂이로 불리는 것으로 화기에 꽃을 꽂는 것을 말한다. 프리저브드 플라워 어렌지먼트는 줄기가 길지 않다는 프리저브드 플라워의 특성상 약간의 제약은 있지만 줄기가 없는 채로 붙이거나 혹은 와이어나 다른 재료의 도움을 받아 반구형, 수평형, 스프레이형, 크리센트형, 구형, L자형 등 전통적인 웨스턴 스타일뿐만 아니라 현대 웨스턴 스타일, 유러피언 스타일에 이르기까지 어떠한 플라워디자인도 연출 가능하다. 다만 반구형, 구형, 수평형, 파베 디자인, 평면적 구성, 반입체적 구성, 구조적 구성과 같이 자체줄기가 드러나지 않거나 줄기가 없어도 되는 디자인이 좀더 쉽게 다가갈 수 있는 형태로 널리 활용되고 있다.

그림3-23-1 수평형

그림3-23-2 크리센트형

그림 3-23-3 패러렐

그림 3-23-4 반구형

프리저브드 플라워 어렌지먼트는 전통적인 화기는 물론 특수 제작한 돔 모양이나 터널 모양, 사각상자 모양 등의 투명 아크릴 화기 등에 한 송이에서부터 여러 송이의 꽃을 깃털, 리본, 레이스, 와이어 등의 다양한 소재와 함께 디자인하여 실내 공간장식이나 디스플레이 등 다양한 용도로 활용할 수 있다.

(2) 꽃다발(bouquet)과 꽃바구니(flower basket)

프리저브드 플라워로도 웨딩부케, 선물용 부케, 장식용 부케 등 여러 용도의 부케를 제작

그림 3-24-1 부케

그림 3-24-2 꽃바구니

할 수 있다. 웨딩부케로는 예식용 부케 외에 사진 촬영용 부케가 많이 제작되고 있는데 라운드형, 폭포형 등 기존의 부케 디자인을 응용하며 와이어, 주트, 비즈, 리본 등의 부재료의 활용도가 높다. 또 프리저브드 플라워 부케 제작에는 여러 가지 재료로 제작한 부케 구조물을 많이 사용하고 있다.

프리저브드 플라워로 꽃바구니를 제작할 수도 있다. 작은 바구니에 꽃뿐만 아니라 모조과일, 리본, 픽 등 장식소재를 곁들여 프리저브드 플라워 바구니를 만들어 선물용이나 실내 장식용으로 활용할 수 있다.

(3) 리스(wreath)

그림3-25 리스

끝도 시작도 없는 영원을 의미하며 독일어로는 크란츠라고 불리는 리스는 프리저브드 플라워로도 많이 제작되고 있다. 꽃 소재 외에도 리본, 깃털, 솔방울, 방울 등의 다른 소재를 곁들여 다양하게 디자인할 수 있으며 실내 인테리어 장식, 크리스마스 장식 등으로 활용되고 있다.

(4) 액자(frame)와 벽걸이장식

프리저브드 플라워 장식 액자는 액자의 구조에 따라 닫힌 형태와 열린 형태가 있으며 실내 인테리어 용도로 많이 제작되고 있다. 디자인 형태로는 크리센트형, L자형, 스프레이형, 원형, 병행형(패러렐), 파베 디자인, 선-형적 구성이나 동양 스타일 등 기존의 플라워디자인을 응용한 반입체적 구성이 많으며, 꽃 외에도 와이어장식, 리본, 오너먼트 등 다양한 소재를 붙인 콜라주(Collage) 형태의 디자인이 널리 활용되고 있다. 액자 외에도 벽에 걸 수 있도록 만든 다양한 형태의 구조물에 꽃이나 프리저브드 플라워를 장식하여 만든 벽걸이 작품도 널리 제작되고 있다.

그림3-26-2 벽걸이장식

그림3-26-1 액자(권영란)

(5) 생활 공예 디자인

실생활에 쓰일 수 있는 시계, 스탠드, 거울, 보석함 등 생활용품이나 목걸이, 팔찌, 열쇠고리 등 액세서리에 프리저브드 플라워를 활용한 다양한 생활 공예품이 제작되고 있다.

그림3-27 시계

(6) 기타

① 토피어리(topiary)

토피어리는 정원수를 다듬는 기술에서 유래한 것으로 원래는 조경 수목의 가지를 전정하여 구형, 하트형, 동물 모양 등 다양한 형태로 재미있게 만드는 것이었으나 현재는 이끼, 조화, 건조화, 생화 등을 이용하여 만든 다양한 형태의 작품들도 토피어리로 불리고 있다. 프리저브드 플라워로도 다양한 형태의 토피어리가 만들어지고 있다.

그림3-28 토피어리

② 코르사주(corsage, 코사지)와 부토니어(boutonniere)

그림3-29 부토니어

코르사주는 어원적으로 여인의 허리를 중심으로 상반신이나 의복에 직접 또는 간접적으로 장식하는 작은 꽃묶음을 말한다. 그러나 오늘날에는 목, 어깨, 가슴, 허리, 팔, 손목 등의 신체부위 뿐만 아니라 모자, 팔찌, 핸드백 등의 장신구에도 활용하고 있다. 부토니어는 결혼식 때 신랑의 가슴에 다는 꽃을 말하는데 신랑뿐만 아니라 아버지, 주례 등에도 사용한다. 프리저브드 플라워로도 코르사주나 부토니어를 제작하고 있다.

③ 압화(pressed flower) 디자인

프리저브드 플라워를 눌러서 압화용 소재로 만들어 압화에 이용하면 다양한 색상의 반영구적인 압화 작품을 만들 수 있다. 스탠드, 액자 등에 평면적 구성으로 디자인한다.

그림3-30 압화 디자인(유영미)

④ 하바리움(Herbarium)

하바리움(herbarium)이란 용어는 원래 식물 표본을 모아 놓은 것을 뜻하지만 최근 일본에서 시작된 식물 장식물의 일종인 하바리움은 투명한 용기에 보존 기능이 있는 용액을 넣고 드라이플라워나 프리저브드 플라워를 넣은 것, 혹은 그 기법을 말한다. 하바리움 작품에 조명을 곁들이면 더욱 신비롭고 아름다운 모습을 연출할 수 있다. 하바플라리움이라고도 한다. 1년 이상 감상이 가능하다.

그림3-31 하바리움

프리저브드 플라워아트의 재료 및 도구

(1) 화재(花材) 및 그린 소재(flowers & greens)

① 프리저브드 플라워

생화를 직접 프리저브드 가공하여 사용하거나 기성제품을 사용한다. 잎이나 열매도 직접 가공하거나 기성제품을 구입할 수 있다.

그림3-32 프리저브드 기성품

② 드라이플라워, 아트피셜 플라워

드라이플라워나 아트피셜 플라워를 프리저브드 플라워에 곁들이기도 하는데 아트피셜 플라워는 가급적 덜 사용하는 것이 바람직하다.

그림3-33-1 드라이플라워   **그림3-33-2** 아트피셜 플라워

그림3-34 천연식물 소재

③ 천연 및 가공식물 소재

솔방울, 잣솔, 자작나무 껍질, 계피, 오리목 열매, 등라인, 삼지닥, 말채, 버들강아지, 노박 덩굴 열매, 곱슬버들, 다래덩굴, 라피아 등의 건조된 천연식물 소재나 가공식물 소재도 프리저브드 플라워에 곁들여 사용할 수 있다.

(2) 장식 소재(ornamental materials)

생화장식에서는 흔히 액세서리로 취급되는 리본 등의 각종 장식소재가 프리저브드 플라워디자인에서는 단순한 장식 이상의 디자인의 중요한 일부로서 좀 더 비중 있게 취급된다.

① 장식용 와이어

그림3-35 장식용 와이어

와이어의 용도는 크게 두 가지로 나뉘며 용도에 따라 와이어의 종류도 다르다. 하나는 작품 제작에 필요한 기능적 용도로 사용되는 와이어이고, 다른 하나는 장식 혹은 디자인의 일부로서 사용되는 장식용 와이어이다.

프리저브드 플라워디자인에 사용되는 장식용 와이어에는 뷰리온 와이어, 엔젤헤어, 실패에 감겨있는 카파와이어(capa wire) 등이 있다. 또 와이어 공예용으로 시판되는 동(銅) 와이어, 알루미늄 와이어 등도 프리저브드 플라워 작품에 장식으로 널리 사용하고 있다. 뷰리온 와이어(밀레니엄 와이어)의 재질은 알루미늄이며 금색, 은색이 있다. 장식용도 외에도 구조물에 주트나 엔젤헤어 등을 고정시킬 때 사용한다.

② 리본(ribbon), 끈

화훼장식의 필수품으로 자리 잡고 있는 리본은 프리저브드 플라워디자인에서도 매우

그림3-36 리본, 끈

중요한 역할을 한다. 단지 작품의 액세서리 정도 역할만 하는 것이 아니라 작품의 부족한 공간을 메우거나 작품의 베이스를 꾸미는 기능, 디자인 일부로서의 역할 등 다양한 용도로 활용된다.

리본에는 질감과 형태, 디자인, 소재 등에서 여러 종류가 있는데 작품의 크기, 주 색상, 주제와 잘 어울리는 리본을 선택하여 작품의 완성도를 높이고 미적 가치를 돋보이게 하는 역할을 하도록 하는 것이 중요하다. 프리저브드 플라워디자인에서는 스웨이드 끈으로 만든 리본장식도 많이 쓰인다.

③ 비즈(beads), 큐빅(cubic), 스팽글(spangles), 진주(pearl) 등

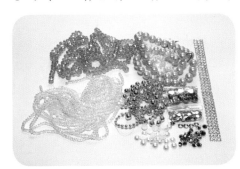
그림3-37 비즈, 큐빅, 스팽글, 진주

공예적 성격이 강한 작품을 제작할 때는 수정 비즈, 큐빅, 스팽글, 진주 등을 같이 디자인하여 고급스러운 느낌을 강조할 수 있다.

④ 깃털, 레이스, 천, 한지, 색실, 주트 등

시판되고 있는 깃털이나 레이스, 색실 등을 디자인에 활용하면 색다른 느낌의 작품을 표현할 수 있다. 벨벳 등의 천을 사용하면 화기의 바닥을 이루면서 디자인의 배경이 되게 할 수도 있다. 한지는 작품 배경에 뜯어 붙인다든지 한지공예와 접목시킨 작품을 제작할 때 필요하다. 주트(jute)는 마의 일종인 황마로 주로 카펫 안감이나 부대 등에 사용되나

그림3-38 깃털, 레이스, 천, 한지, 주트 등

그림3-39 자갈, 색모래, 산호 등

그 중 광택이 나는 우량 품질의 주트는 꽃다발의 본체 등을 만드는 데에도 활용되고 있다.

⑤ **자갈, 색모래, 유리구슬, 이끼 등**

화기의 베이스를 가리는 기능적 용도, 혹은 장식적 용도로 활용한다.

⑥ **각종 오너먼트(ornaments)**

작품의 이미지를 돋보이게 할 오너먼트에는 제한이 없다. 조각물, 민속물, 악보, 부채, 촛대, 양초, 조개껍데기, 소라, 산호, 모형 과일, 금속성 볼, 우드 볼, 각종 픽(picks) 등을 함께 장식하면 작품

그림3-40 각종 오너먼트

이 전하고자 하는 분위기를 더욱 높일 수 있다. 또한 작은 곰 인형, 곤충 모형 등 앙증맞은 오너먼트를 곁들이면 귀엽고 재미있는 느낌을 줄 수 있고 호기심을 유발시킬 수도 있다.

⑦ **포장지**

프리저브드 플라워 작품은 대개 보관용 케이스가 따로 있기 때문에 포장지가 생화장식에서만큼 많이 쓰이지는 않는다. 일시적 보관을 위해서는 OPP 비닐 포장지를 주로 사용한다.

(3) 용기(containers)

용기는 화기(花器)로 불리기도 하는데 형태, 크기, 재료 등에 있어 다양하다. 용기도 작품 디자인의 일부를 구성하는 요소이므로 꽃, 기타 소재들과 어울리는 것이어야 한다.

① 입체적 용기

전통적인 화훼장식 용기는 대부분 입체적인 용기이다. 프리저브드 플라워도 입체적 용기를 사용하여 디자인하는 경우가 많다. 재료 면에서는 고급스러운 느낌의 용기를 선호하는 경향이 있다. 심플한 디자인의 고급스럽고 우아한 유리화기, 세련된 느낌의 세라믹화기 등이 널리 사용된다. 그러나 재질이나 형태에는 제한이 없으며 천연소재로 만든 소박하고 자연스러운 미를 지닌 바구니 형태의 화기나 독특한 형태의 화기도 많이 사용된다.

② 평면적 용기

평면적 용기에는 도자기나 나무로 만들어진 트레이나 플레이트 형태가 대표적이다. 이외에도 프리저브드 플라워는 시계, 거울, 액자 등에도 장식할 수 있고 스티로폼이나 나무판에 직접 밑 작업을 하여 작품의 프레임으로 만들어 쓸 수도 있다. 이러한 것들은 용기라기보다는 프레임이라는 용어가 더 잘 어울릴 듯하다.

③ 밀폐형 용기(closed containers)

프리저브드 플라워 전용 밀폐형 용기가 제작되어 시판되고 있다. 전용 용기는 주로 투명 아크릴을 재료로 제작된 것으로 대개 꽃을 장식하는 평면의 밑면과 그 위로 작품 전체를 밀폐시킬 수 있는 돔이나 하트형, 터널 형태 등의 입체공간으로 이루어져 있다. 프리저브드 플라워 장식 전용 시계나 액자도 밀폐형이 대부분이다.

④ 부케 홀더

부케를 만들 때 사용된다. 꽃을 꽂을 수 있는 반구형의 플로랄폼이 붙어 있고 손잡이가 있다.

⑤ 용기가 필요 없는 경우

생화장식도 유리관이나 튜브 등을 이용하여 용기 없이도 화훼장식품을 만들 수 있지만 프리저브드 플라워의 경우에는 더욱 손쉽게 구조물만을 이용하여 작품을 제작할 수 있다. 구조물 재료로는 등라인, 마른 말채, 마른 왕버들, 목재 등의 나무재료나 굵은 와이어 등 제한이 없다.

(4) 기능적 부소재(mechanics)

프리저브드 플라워아트에는 기능적 용도나 기술적 필요에 의해 사용되는 재료들도 있다.

① 플로랄폼(floral foam)

플로랄폼은 일반 화훼장식품 제작 시 가장 널리 사용된다. 프리저브드 플라워 장식의 경우 화재나 소재를 고정할 수 있는 재료로 플로랄폼 외에도 스티로폼(styrofoam)이나 우레탄폼(urethane foam) 등도 이용되고 장식과 기능을 겸한 컬러폼(color foam)도 사용되고 있다.

② 철사(wire)

기능적 용도로 사용하는 와이어는 절단 직선 철사(straight wire)가 대표적이다. 주로 40~70㎝ 길이로 절단되어 시판되고 있다. 와이어는 굵기에 따라 번호(gauge)가 정해져 있는데 #으로 표시하며, 번호가 낮을수록 철사의 굵기가 굵다.

보통 화훼장식에 사용되는 와이어는 #16(가장 굵음)부터 #30까지이다. 그 중 프리저브드 플라워의 줄기를 만드는 데 많이 사용되는 굵기는 #22, #24, #26 등으로 꽃의 얼굴이 크거나 줄기가 굵고 단단하면 와이어도 굵은 것을 쓰고, 작은 꽃이나 줄기가 가늘고 약한 것은 와이어도 가는 것을 쓴다. 절단 직선 철사 이외에도 둥근 실패에 감겨져 있는 릴철사(reel wire), 색철사(color wire) 등이 시판되고 있다. 또 녹색, 흰색, 갈색 등의 플로랄테이프가 감긴 것, 에나멜로 코팅되어 있는 것도 있는데 종이가 감겨져 있는 것을 지철사라고 부른다.

③ 플로랄테이프(floral tape)

플로랄테이프는 종이에 파라핀을 입혀 방수기능이 있고, 끈끈한 점착성이 있으며 당기면 늘어나는 신축성이 있다. 와이어 처리한 곳을 감아 와이어를 가리고 식물 이미지를 표현하는 역할을 한다. 색상은 녹색, 흰색, 갈색 등으로 다양하며, 폭은 1.2㎝와 2.5㎝가 있으나 1.2㎝가 주로 쓰인다.

④ 접착제(adhesive)

글루(glue), 목공본드, 양면테이프, 접착 점토 등이 주로 사용된다. 글루는 핫글루와 콜드글루가 있는데 프리저브드 플라워에 많이 사용하는 핫글루는 글루건에 글루스틱을 꽂아서 사용하는 것이 보통이다. 핫글루 대신 목공본드를 사용하기도 한다. 스티로폼을 용기에 부착할 때는 핫글루나 양면테이프를 사용한다. 접착 점토도 플로랄폼 등을 용기에 부착할 때 사용할 수 있다. 자잘한 색돌 등을 바닥에 붙일 때는 에폭시 접착제를 사용하는 것도 편리하다.

⑤ 핀(pins)

핀에는 고정 용도의 U자핀, 코르사주에 사용되는 코르사주핀, 집게형 나무핀, 걸이용 핀 등 다양한 용도의 핀이 있다.

그림3-41 플로랄폼   그림3-42 각종 기능적 부소재

(5) 도구(tools)

① 칼

플로랄폼이나 스티로폼을 자를 때 사용한다.

② 가위

꽃가위, 철사가위, 일반 문구용 가위 등이 사용된다. 꽃가위는 꽃의 줄기를 자를 때 사용하고 철사가위는 철사를 자를 때, 문구용 가위는 리본을 자를 때 사용한다.

③ 글루건

꽃잎 사이를 벌리거나 꽃잎을 붙일 때, 혹은 고정용으로 사용한다.

④ 핀셋

꽃잎 사이를 벌릴 때 사용한다.

⑤ 니퍼, 롱노우즈 펜치, 드라이버

니퍼는 와이어를 자를 때, 롱노우즈 펜치는 와이어를 구부릴 때나 묶은 것을 조일 때 사용한다. 드라이버는 액자 나사를 조이거나 풀 때 사용한다.

그림3-43 각종 도구

프리저브드 플라워디자인 기법

프리저브드 플라워디자인은 프리저브드 플라워장식과 프리저브드 플라워공예로 나누어 살펴 볼 수 있다. 프리저브드 플라워장식은 기존의 화훼장식 디자인을 많이 응용한다. 그러나 잎과 줄기가 없기 때문에 프리저브드 플라워장식만의 특색이 있다. 프리저브드 플라워공예는 여러 공예기법과 접목하여 이루어진다. 그러므로 다양한 공예기법을 알아 두면 유용하다.

(1) 기본 테크닉

와이어링 테크닉, 블루밍 테크닉, 글루잉, 플로랄 테이핑 등이 있다.

① 와이어링 테크닉

와이어링 테크닉이란 플라워디자인 기술 중에서 가장 중요한 기초 기법으로 철사를 사용하는 요령이다. 줄기를 만들 때나 꽃, 잎 등을 받치거나 고정할 때 필요하다. 철사는 사선으로 잘라야 찔러 넣기가 수월하다. 꽃도 와이어링 전에 줄기 끝부분을 사선으로 잘라 주면 와이어링 후 플로랄테이프 감기가 쉽다.

㉮ 피어싱 기법(piercing method, 옆으로 찔러 구부리기)

씨방이나 꽃받침 부분의 줄기에 직각이 되도록 와이어를 찔러 넣어 두 가닥이 되게 아래로 구부리는 방법이다. 단독으로 사용하는 것보다는 후킹 기법과 병행하여 사용하면 좋다.

그림3-44 피어싱 기법

　　㉠ 꽃의 받침 쪽을 잡고 줄기 상부에 와이어를 일자로 꽂는다.

　　㉡ 와이어를 아래로 모은다.

④ 크로싱 기법(crossing method : 십자형으로 찔러 구부리기)

피어싱 기법의 일종으로 씨방이나 꽃받침의 바로 아래 줄기에 두 개의 와이어를 십자가 되도록 찔러서 각각 두 가닥이 되도록 구부리는 것이다. 때로는 꽃의 하부에 크로싱하기도 한다. #24 와이어가 적당하다.

㉠ 장미꽃 받침 쪽을 잡고 와이어를 일자로 꽂아준다.

㉡ 와이어가 십자모양이 되도록 하나를 더 꽂아 준다.

㉢ 꽃송이를 조심스럽게 잡고 네 가닥의 와이어를 아래로 모아준다.

㉣ 와이어를 모아준 다음 플로랄테이프를 감아서 줄기로 만들어준다.

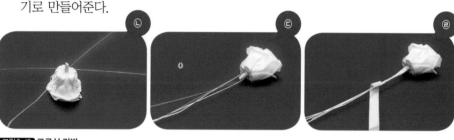

그림3-45 크로싱 기법

그림3-46 꽃 하부 크로싱

⑤ 후킹 기법 (hooking method, 갈고리 모양 구부리기)

와이어의 끝을 갈고리 모양으로 구부려서 꽃의 중심부에서 위로부터 찔러 넣어 갈고리 모양으로 구부린 끝 부분이 꽃 속에 묻혀 보이지 않을 때까지 아래로 당기는 방법이다. 단독으로 사용하기보다는 피어싱 기법과 병행하면 좋다. #22 와이어가 적당하다.

그림3-47 후킹 기법

ㄱ 와이어의 끝부분을 갈고리 모양으로 구부린다.

ㄴ 꽃의 중앙으로 위에서 줄기 속으로 통할 수 있도록 해준다.

ㄷ 줄기와 밖으로 나온 와이어에 플로랄테이프를 감아준다.

Tip 후킹 기법과 피어싱 기법 응용

후킹 기법의 응용으로 장미 줄기의 핀을 꽂았던 곳에 와이어를 꽂아 넣어 꽃 중심부 쪽으로 올려준 다음 꽃 위로 올라온 와이어 끝을 구부려 준 후 아래쪽에서 철사를 당겨 주면 쉽게 와이어링이 된다. 여기에 피어싱 기법을 병행하면 줄기가 끊어질 염려 없이 튼튼하게 와이어링이 된다. 피어싱 기법도 미리 와이어를 ㄱ자로 구부려 찔러 넣으면 좀 더 간편하게 와이어링 할 수 있다.

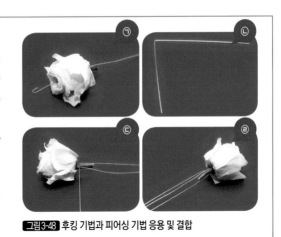

그림3-48 후킹 기법과 피어싱 기법 응용 및 결합

ⓓ 헤어핀 기법(hair-pin method, U자형 머리핀 모양으로 구부리기)

와이어를 머리핀 모양으로 구부려서 잎이나 꽃에 보강하는 방법이다. #26 와이어가 적당하다.

ㄱ 한 손으로 잎 윗면을 잡고 와이어를 시침질 하듯이 잎의 하부 뒷면에서부터 앞면, 다시 뒷면으로 수평으로 일자가 되게 떠 준다.

ㄴ 두 가닥의 철사를 잎자루 쪽으로 모아준다.

 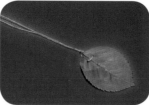

ⓒ 와이어 한 가닥을 나
머지 와이어와 줄기에
두 번 정도 감아 내려준
다.
ⓔ 플로랄테이프를 감아
마무리해 준다.

그림3-49 헤어핀 기법

ⓜ 브레이싱 기법(bracing method)

헤어핀 기법과 비슷하나 와이어를 두 개 사용하여 잎 뒷부분을 받쳐주는 받침대가 되
도록 하며 잎의 곡선화가 가능하도록 하는 방법이다.

　ⓐ #26 와이어 하나를 잎의 상부 뒷면에서부터 앞면, 다시 뒷면으로 수평으로 일자
　　가 되게 꽂는다. 뒷면으로 나온 두 가닥의 와이어를 잎 형태를 따라 둥그렇게 모양
　　을 잡아 내린다.
　ⓑ 또 다른 와이어 하나는 잎의 하부에서 ⓐ과 동일한 방법으로 수평으로 일자가 되
　　게 꽂아 내린다.
　ⓒ 모두 네 가닥의 와이어를 하나로 모은 다음 한 가닥으로 나머지 와이어와 잎자루
　　를 두어 번 감아준 후 플로랄테이프를 감는다.

그림3-50 브레이싱 기법

ⓗ 트위스팅 기법(twisting method, 감아서 묶어 내리기)

트위스팅 기법은 꽃잎 뿌리 부분이나 짧은 줄기에 와이어를 돌돌 감아서 꽃의 줄기를
만들거나 혹은 꽃잎을 모아서 묶을 때 사용할 수 있는 기법이다.

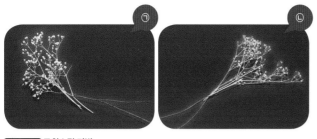

그림3-51 트위스팅 기법

ⓐ 지철사나 #26 와이어를 반으로 접어 수국의 줄기에 걸어 준다.

ⓑ 한 가닥을 나머지 와이어와 꽃의 줄기에 돌려 감고 그 위에 플로랄 테이프를 감아준다.

② **블루밍(blooming, 개화 기법)**

장미에 주로 사용되며 작은 꽃을 개화시켜서 좀 더 크고 아름답게 보이도록 만드는 기법으로 탈지면, 글루건, 목공본드 등을 사용한다. 프리저브드 플라워 작품 제작에서 많이 사용되는 기본적이고 중요한 기법이다.

㉮ **방법 1**

ⓐ 장미의 꽃받침을 벌린 다음 글루건으로 글루를 묻힌다.

ⓑ 바로 안쪽의 꽃잎을 핀셋으로 끌어다 꽃받침에 붙인다.

ⓒ 꽃잎과 꽃잎 사이를 핀셋으로 벌려 핫글루를 흘려 넣어 준다. 이때 화심을 둘러싼 중심부의 꽃잎 몇 겹은 벌리지 않고 그대로 둔다.

그림3-52 블루밍 기법 1

㉯ **방법 2**

ⓐ 바깥쪽 꽃잎 2바퀴 정도를 떼어낸다.

그림3-53 블루밍 기법 2

ⓛ 떼어낸 꽃잎의 아랫부분을 수평으로 조금 잘라 준다.

ⓒ 떼어낸 꽃잎을 목공본드나 글루건을 이용하여 남아있는 꽃송이에 차례대로 붙여
   준다.

ⓔ 이때 꽃잎의 하부 중앙을 잡고 중앙 쪽으로 꽃잎을 모아 붙여 주면 꽃잎 사이가
   자연스럽게 벌어진다.

ⓜ 남은 꽃송이를 핀셋을 이용하여 조금씩 벌려준다

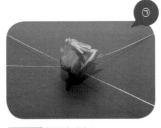

ⓗ **방법 3**

   다음은 와이어링과 블루밍을 간단히 한 번에 할 때
사용하는 방법이다. 줄기가 부러져 와이어링이 곤란할
때 요긴하게 사용된다.

그림3-54 블루밍 기법 3

ⓛ 장미의 하부에 와이어를 십자형으로 찔러 넣는다.

ⓛ 와이어를 아래로 모아 플로랄테이프를 감아 줄기를 만든다.

ⓒ 핀셋으로 안쪽 꽃잎 사이를 벌려 준다.

ⓔ 바깥쪽 꽃잎 2바퀴는 꽃잎을 벌리고 글루를 넣어준다.

③ 글루잉(gluing)

그림3-55 글루잉

글루잉은 프리저브드 플라워 작품 제작에 필수적인 기법이다. 꽃잎 사이를 벌려 개화시킨다든지 플로랄폼이나 화기에 화재나 소재를 고정시킬 때, 떨어진 꽃잎을 붙일 때 등 다양하게 사용된다. 글루건의 핫글루가 많이 이용되나 목공본드 등도 사용한다. 글루건은 글루스틱을 넣고 전원에 꽂은 후 조금 지나면 사용할 수 있다. 고열이므로 손을 데지 않도록 조심해야 한다. 목공본드는 바로 붙지 않으므로 잠시 누르고 있어야 한다.

④ 테이핑(taping)

와이어링한 꽃이나 잎 또는 갈란드한 꽃과 잎 주위에 플로랄테이프나 종이 등으로 와이어를 감아 주는 것을 말한다. 와이어링한 줄기에 플로랄테이프로 테이핑을 시작할 때 시작하는 부분에 글루건의 핫글루를 약간 묻혀 감으면 쉽게 감을 수 있다.

ⓛ 와이어를 피어싱하여 줄기를 만드는 경우 철사가 꽂힌 부분에 플로랄테이프를 수평으로 댄 다음 글루를 묻혀준다.

그림3-56 테이핑

ⓒ 시작하는 부분은 플로랄테이프를 수평으로 2바퀴 정도 감아준다.

ⓒ 한손으로 줄기를 돌리고 다른 손으로 플로랄테이프를 당기면서 사선으로 감아준다.

⑤ 폼 재단법

꽃이나 소재를 고정해 주는 플로랄폼, 우레탄폼, 스티로폼 등의 폼은 용기에 맞게 잘라서 용기 바닥에 글루건이나 양면테이프 등을 이용하여 붙여준다. 재단의 기본 요령은 다음과 같다.

ⓐ 폼을 화기에 대어보고 화기 높이와 넓이에 맞게 칼로 재단한다.

ⓑ 폼을 화기보다 높게 쓰면 옆으로 꽂거나 흘러내리게도 꽂을 수 있어 어

그림3-57 폼 재단

렌지먼트가 크고 풍성해지고, 반대로 폼을 화기보다 낮게 쓰면 자연스럽게 피어오르는 모습이 연출되지만 다소 작은 어렌지먼트가 되므로 필요에 맞게 재단하도록 한다.

(2) 디자인 표현 기법
① 베이싱(basing) 기법
작품의 베이스를 만들거나 화기의 폼을 가리는 법, 혹은 베이스를 장식하는 기법으로 다양한 방법이 사용되고 있다.

㉮ 투명화기 베이싱
투명화기 속에 폼을 넣은 후 폼을 가려 주는 방법으로는 폼 주위에 예쁜 장식지나 레이스, 천, 넓은 리본, 휘어지는 마른 자연소재 등을 둘러주고 핀으로 꽂아 고정시키거나 등라인 등의 마른 소재를 카파와이어로 엮어 폼 주변에 둘러주는 방법이 있다. 또는 화기 바깥 표면에 예쁜 천이나 한지, 비즈, 와이어장식 등을 디자인하여 붙이기도 한다.

그림3-58-1 리본으로 폼 가리기   그림3-58-2 주트 사용

또한 컬러 폼만을 사용하거나 컬러 폼을 화기 안에 적당한 높이로 넣은 후 그 위에 색모래나 색돌 등 장식성 재료를 채워 컬러 폼 등이 디자인의 일부를 이루도록

할 수도 있다. 또 색돌, 구슬, 포푸리, 주트 등을 화기 속에 넣기도 하는데 이때 이것들은 화기의 80% 정도만 채우고 화기의 입구에는 폼을 넣은 후 폼이 보이는 바깥에 리본을 둘러 준다든지 꽃을 약간 늘어지게 꽂아 준다든지 하여 폼을 가려 줄 수도 있다. 꽃을 꽂은 후 상부 표면의 폼이 보이는 빈 공간은 잎, 작은 꽃, 이끼, 색돌, 주트, 리본 등으로 가려 주면 된다.

④ 불투명화기

불투명한 화기는 안에 폼을 넣고 꽃을 장식한 후 폼이 보이는 부분만 가려주면 된다. 빈 공간의 베이싱은 투명화기 윗부분 가리는 것과 같은 방법으로 한다.

④ 리본을 이용한 베이싱

얇은 투명화기나 바구니 모양의 화기 밑바닥에 리본을 접어 접착시켜서 바닥도 메우면서 장식 효과도 꾀하는 방법이다. 리본은 마무리 단계에서도 빈 공간을 채우거나 장식용으로 널리 활용된다.

그림3-59 불투명화기 베이싱(이끼)   그림3-60 리본 이용 베이싱

그림3-61-1 발 형태 구조물

그림3-61-2 와이어 구조물

㉑ 구조물 만들기

프리저브드 플라워 장식의 베이스로 구조물을 만들어 사용할 수 있다. 구조물은 평면적인 것에서부터 여러 모양의 입체적인 것까지 또 구체적인 형태에서부터 추상적인 형태까지 다양하게 고안하여 제작할 수 있다.

평면적인 구조물의 예로는 마른 말채나 등라인, 대나무 등으로 엮은 발 형태, 컬러 와이어로 만든 직사각형, 등나무 가공 소재로 만든 리스 형태 등을 들 수 있다. 이것들은 형태에 따라 화기 위에 얹어서 사용하거나 구조물 자체를 베이스 삼아 꽃을 장식할 수도 있다. 입체적인 것으로는 구 모양, 원추 모양, 나무 모양, 스탠드 모양 등등 여러 가지 형태로 자유롭게 만들 수 있다. 구조물의 재료로는 마른 곱슬버들, 왕버들, 말채, 대나무, 삼지닥, 와이어, 등라인, 다래덩굴 등 다양하다.

⑪ 판 형태 베이싱하기

꽃을 장식하기 전에 판의 전부 혹은 일부에 장식적 재료를 사용하여 밑작업 하는 것으로 아래 소개된 기법 외에도 다양한 방법을 적용할 수 있다.

㉠ 색돌, 색유리, 한지 등을 붙이는 방법

판 모양의 베이스에 색돌, 모래, 솔방울 비늘, 구슬, 비즈, 한지, 장식지 등을 접착제로 붙이거나 뜯어 붙여 디자인의 일부를 이루도록 할 수 있다. 장식할 꽃과 어울릴 수 있는 것이라면 어면 것이든 상관없다.

㉡ 천, 장식지를 이용하는 방법

목재나 아크릴 등의 밑판을 준비하여 벨벳, 레이스 직물 등의 천을 씌워 주거나 장식지를 붙여서 디자인의 일부가 되게 한다.

㉢ 석고를 사용하는 방법

스티로폼 등의 편편한 판위에 석고를 거칠게 바르거나 무늬를 넣는 방법이다. 아크릴 물감 등으로 색을 입힐 수도 있다.

그림3-62 색유리 붙이기　　그림3-63 벨벳 사용　　그림3-64 석고 바르기

ㄹ 원두커피를 이용하는 방법

공예용 목제 반제품은 표면이 마무리되어 있지 않으므로 사포로 문지른 다음 원두커피를 물에 진하게 타서 여러 번 붓질하면 앤티크한 느낌을 낼 수 있다.

그림3-65 원두커피 이용

② 소재 활용법

㉮ 재구성하기(개더링, gathering)

여러 장의 꽃잎이나 잎을 모아서 커다란 꽃 모양을 만들어 주는 기법이다. 장미, 백합, 글라디올러스 등의 꽃을 해체한 후 꽃잎을 다시 모아 재구성하며, 이렇게 재구성된 꽃은 종류에 따라 빅토리안로즈(캐비지로즈, 로즈멜리아), 릴리멜리아, 글라멜리아 등으로 부른다. 프리저브드 플라워에서도 장미로 만든 로즈멜리아, 잎으로 만든 그린멜리아 등이 있다. 꽃잎에 진주나 레이스를 곁들이는 등 다양한 응용도 가능하다.

㉯ 해체하여 묶기(페드링, feathering)

카네이션 등 해체 가능한 꽃송이를 분해하여 여러 개의 작은 송이로 만드는 방법이다.

㉰ 묶기(번칭, bunching)

번치(bunch)란 다발이나 묶음 등을 의미하며, 비슷한 재료를 함께 고정시켜서 여러 송이를 묶어 꽂기 좋게 만드는 기법이다. 소재의 줄기가 가늘어 느낌이 약하거나 꽂기가 불편할 경우에 한꺼번에 여러 개를 묶어서 많이 사용한다.

㉠ 장미 두 송이를 준비한다.

㉡ 그 중 한 송이는 중심 부위만 남기고 꽃잎을 떼어 놓고, 다른 한 송이는 꽃잎을 모두 떼어낸 후 크기별로 분류한다.

㉢ 꽃잎의 아랫부분을 수평으로 조금 오려 내어 다듬어 준다.

㉣ 글루건이나 목공본드를 이용하여 꽃잎 아랫부분에 묻힌다.

㉤ 남겨놓은 장미의 화심부위에 꽃잎이 붙는 순서대로 작은 꽃잎부터 붙여나간다.

㉥ 로즈멜리아가 완성되었다.

그림3-66 로즈멜리아

그림3-67 카네이션 페드링   그림3-68 번칭   그림3-69 벤딩

㉑ 휘기(벤딩, vending)

곧은 것을 휘어지게 하거나 곡선을 만드는 기법이다. 곧은 잎을 곡선으로 사용하고자 할 때 잎 뒷면에 지철사를 붙이거나 브레이싱 기법 혹은 헤어핀 기법으로 와이어를 넣어 휘어주면 된다. 리본 등을 가위 등으로 훑어서 곱실거리는 형태로 만들기도 한다.

㉒ 짜기(위빙, weaving)

직물 짜기 등과 같이 입체적 혹은 조직적으로 잎, 줄기, 리본, 와이어 등으로 무늬를 넣어 짜고 엮는 기법을 말한다. 예를 들어 왕버들이나 가공한 등나무로 발을 짜거나 격자무늬를 만들 수 있다.

㉓ 꿰기(스트링잉, stringing)

열매, 잎, 꽃잎 등의 소재를 실, 끈, 철사를 이용하여 일렬로 꿰어주는 기법이다. 예컨대 장미 꽃잎, 잎 등을 가는 와이어에 꿰어 준다든지 하는 것이다.

㉔ 말기(롤링, rolling)

말기 기법으로 꽃잎, 잎, 소재 등을 말아 입체적으로 구성하는 기법이다. 예컨대 장미 꽃잎을 말아 다양한 형태로 디자인할 수 있다.

㉕ 누르기(프레싱, pressing)

꽃잎이나 잎을 책갈피 사이에 넣어 무거운 것으로 눌러준다. 형태를 잡거나 납작하게 하여 압화와 같이 평면적인 디자인에 주로 사용한다.

그림3-70 위빙

그림3-71 스트링잉

그림3-72 롤링

그림3-73 프레싱

ⓩ **재단하기(테일러링, tailoring)**

꽃잎이나 잎을 재단하여 원하는 모양으로 변형시키는 기법이다. 예를 들어 장미의 윗부분을 잘라내어 라넌큘러스처럼 만들 수 있다. 개개의 꽃잎, 잎을 원하는 모양으로 잘라 주기도 한다.

그림3-74 테일러링

③ **다양한 디자인 기법**

㉮ **파베(pave)**

파베는 보석을 세팅한 것처럼 빈 공간 없이 동일한 꽃과 소재를 촘촘히 장식하는 베이싱 기법의 하나이다. 플라워디자인에서 전체적인 디자인을 파베 디자인으로 구성하기도 한다.

㉯ **클러스터링(clustering)**

작고 약한 것들을 모아 색상과 질감이 같은 소재끼리 모아서 꽂아주는 기법이다. 베이싱 기법으로 많이 사용하며 큰 꽃들 사이에 클러스터링한 뭉치를 넣으면 좀 더 풍부하고 조화로운 디자인으로 연출할 수 있다.

㉰ **그루핑(grouping)**

체계적이고 계측적으로 분량을 나누어 그룹을 짓는 디자인 기법이다. 시각적 안정과 조화로 정돈된 느낌을 준다. 주로 주그룹, 역그룹, 부그룹으로 나누어 그룹을 짓는다.

그림3-75 파베(카네이션 선물박스, 서복순)   그림3-76 그루핑   그림3-77 갈란딩 하기

④ 갈란딩(garlanding)

꽃이나 잎, 소재 등을 연결하여 줄기를 이루어주는 기법이다.

⑩ 드루핑(drooping)

줄 맨드라미처럼 늘어뜨릴 수 있는 소재를 아래로 늘어뜨리는 기법이다.

⑭ 프레이밍(framing)

액자 속에 든 것처럼 보이도록 테두리를 만들어 전체적인 디자인을 둘러싸는 기법이다. 프리저브드 플라워는 실제로 액자에 장식하는 경우가 많다.

⑭ 시퀀싱(sequencing)

점차적 변화를 표현하는 것으로 색, 형태, 질감 등에서 점진적 변화를 준다. 크기는 작은 것에서부터 큰 것에 이르기까지, 색상은 연한 색상에서 진한 색상까지, 질감도 부드러운 것에서 거친 것까지 차례대로 배열해 나가는 점진적 변화기법이다.

⑩ 셸터링(sheltering)

꽃과 소재를 보호하는 것처럼 보호 공간을 만들어 아늑하고 보금자리 같은 느낌이 나게 하는 디자인 기법이다.

그림3-78 드루핑   그림3-79 시퀀싱(색채)   그림3-80 셸터링

그림3-81 쉐도잉

그림3-82 베일링

그림3-83 행잉

㉧ 쉐도잉(shadowing)

그림자 효과를 나타내는 테크닉으로 한 가지의 소재를 앞쪽에 위치한 또 다른 소재의 뒤나 왼쪽 또는 오른쪽 바로 밑에 가깝게 배치하여 입체적 외관을 만들어 시각적 깊이감을 주는 기법이다.

㉨ 베일링(veiling)

망사, 엔젤헤어, 진주 비즈 같은 가벼운 재료를 꽃과 주 소재 위에 걸치거나 씌우는 기법이다. 밑에 배치한 재료들이 은은하고 신비스런 느낌이 나도록 표현한다.

㉩ 밴딩(banding)

장식적인 효과를 목적으로 줄기 등에 리본, 라피아, 와이어 등을 묶어 주는 기법으로 특수한 요소를 강조하거나 주의를 끌 필요가 있을 때 사용한다.

㉪ 행잉(hanging)

꽃, 열매, 잎, 비즈 등을 낚싯줄, 와이어, 색실 등으로 묶거나 꿰어 높은 곳에 매달아 늘어지게 하는 기법이다.

㉫ 글루잉(gluing)

화재나 그린 소재 혹은 각종 장식적 부소재를 접착제로 붙이는 방법이다. 프리저브드 플라워아트에 있어서 글루잉은 필수적인 기본 테크닉인데 디자인 기법으로도 활용된다.

(3) 색채 디자인

　플라워디자인에서 형태와 색은 디자인의 생명이다. 그런데 두 요소 가운데 사람의 눈에 더 먼저 들어오는 것은 형태보다도 색채로서 조화로운 색채 사용이야말로 작품 성공의 관건이라고 할 수 있다.

① 색의 속성

　색을 분류하자면 크게 유채색과 무채색이 있다. 유채색은 색상, 명도 그리고 채도의 세 가지 속성을 갖는다. 색상은 빨강, 노랑, 파랑, 초록, 보라 등의 유채색을 종류별로 나눌 수 있는 색깔을 말한다. 색상은 색상환(color wheel)으로 나타낼 수 있다. 색상환은 빨강, 노랑, 파랑의 삼원색을 기본으로 색의 성질이 비슷하다고 느껴지는 유채색을

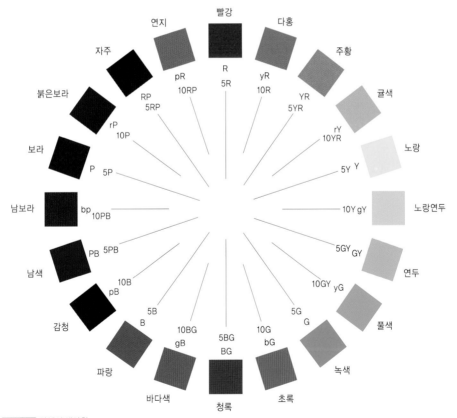

그림3-84-1 먼셀의 색상환

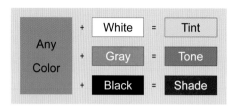

그림3-84-2 틴트, 톤, 쉐이드

순서대로 배열한 것으로 빨강, 주황, 노랑, 연두, 녹색, 청록, 파랑, 청자, 보라, 적자 그리고 빨강으로 되돌아오는 색 순환표이다.

색료의 3원색인 빨강, 노랑, 파랑은 1차색이라고 하며 이 세 가지 색을 혼합하여 모든 색을 만들 수 있다. 같은 양의 1차색들을 섞어 만든 주황, 녹색, 보라색을 2차색이라 하며, 1차색과 인접한 2차색을 같은 양으로 섞어서 만든 다홍, 귤색, 연두, 청록, 남색, 자주 등은 3차색 혹은 중간색이라 부른다. 색상환에서 옆으로 어울리는 색은 유사색, 대각의 마주보는 색은 보색이라고 한다. 무채색은 명도만 있는 색으로 흰색, 회색, 검정색이다. 무채색은 어떤 유채색과도 잘 조화되므로 화훼장식에서 용기의 색이나 배경색으로 많이 쓰인다.

명도는 색의 명암의 정도를 나타내는 것으로 색상에 흰색을 혼합하면 밝은 명도의 명청색(tint)이 나오고 검정색을 혼합하면 어두운 명도의 암청색(shade)이 나온다. 채도는 색의 순수한 정도, 색채의 포화상태를 나타내는 것으로 아무 것도 섞이지 않은 순색에 가까울수록 채도가 높고 섞일수록 채도는 낮아진다. 회색의 혼합에 의해 중간 정도 밝기의 명도에 낮거나 중간 정도의 채도를 가진 색채를 톤(tone)이라고 한다. 채도가 가장 낮은 색은 무채색이다.

② 색의 효과

㉮ 색의 일반적 효과

색은 저마다 심리적, 감정적으로 다른 느낌이나 효과를 자아낸다. 스펙트럼상에서 빨강, 주황, 노랑, 연두, 초록, 파랑, 흰색의 순서로 파장이 긴 쪽은 따뜻하게 느껴지고 파장이 짧은 쪽은 차갑게 느껴진다. 즉, 빨강, 주황, 노랑 등은 따뜻한 색이며 파랑은 차가운 색이다. 따뜻한 색은 실제의 위치보다 가깝게 있는 것처럼 보여 진출색이라 불리며, 파랑 등의 차가운 색은 실제의 위치보다 멀리 있는 것처럼 보여 후퇴색이라 한다. 초록은 중간 정도로 안정감을 주는 색이다. 또 명도가 높은 색은 가볍고 명랑한 느낌을, 명도가 낮은 색은 무거운 느낌을 준다.

유채색 중에는 짙은 보라, 무채색으로는 검정색이 가장 무거운 느낌을 주며, 반면 유채색에서는 노랑, 무채색에서는 흰색이 가장 가벼운 느낌의 색이다. 저명도 저채도의 색은 침울한 느낌을 준다. 그리고 채도가 높을수록, 명도 차가 클수록 강한 느낌을 주고, 채도가 낮을수록, 그리고 밝은 색 끼리의 배색은 약한 느낌을 준다. 또한 빨강 계통과 고채도의 색은 흥분을 일으키고, 파랑 계통과 저채도의 색은 침착한 느낌을 준다. 채도가 높은 색이 많을수록 화려하고, 저채도 색이나 무채색계는 점잖고 소박한 느낌을 준다.

⑭ **개별 색의 효과**

　㉠ 적색: 활력이 넘치는 정열적인 색으로 열정, 자극, 흥분, 사랑의 표현, 기쁨, 축제를 상징하며, 작품에서 강함과 우세함을 강조하는 데 사용된다. 녹색과 보색이므로 녹색 잎과 함께 사용하면 빨간색이 더욱 강조된다. 또 빨간색의 두드러지게 따뜻한 성질은 꽉 찬 느낌을 주므로 다른 색과 배합될 때 사물과 빨간 꽃 사이에 충분한 공간을 두어 시각적으로 확대될 자리를 마련해 주는 것이 좋다. 한편, 다크 계통의 빨간색은 어른스러운 느낌을 주며 부유함의 상징이기도 하다. 프로포즈용 상품 제작 시에는 고채도의 빨간색 장미를 주로 사용한다.

　㉡ 핑크: 핑크색은 많은 꽃에서 찾아볼 수 있는 일반적인 색이지만 표준 색상환에는 들어있지 않다. 달콤하고 로맨틱한 느낌의 이 색은 다른 색과 무난하게 섞일 수 있고, 보색 관계의 민트색 혹은 흐린 녹색과 함께 배색하면 더욱 강조된다. 핑크색 꽃은 주로 낭만적 이미지 연출에 적합한 색이기는 하지만 색조가 흐려져 어두운 핑크가 되면 우아하며 도회적인 연출도 가능하다. 약혼식, 여성스러움의 표현에 적합한 색이다.

　㉢ 주황(오렌지): 빨간색과 같이 자극적인 주황색은 주목을 끌고 식욕을 돋우기도 하는 색상으로 밝고 건강한 느낌을 준다. 가을, 환희를 상징하며 가을의 계절감을 표현하기 좋은 색상이다. 주황의 색조가 약해지면 베이지색이 되는데 베이지색은 편안하고 밝은 느낌을 준다. 또 주황의 색조가 어두워지면 갈색이 되는데 갈색은 가을을 연상시키고 풍성한 느낌이며 흙의 색이기도 하므로 자연적이고 편안한 이미지를 갖는다. 무채색 계열의 포장재나 화기와 어울려 다량의 뭉치 표현을 하면 프로페셔널하고 아카데믹한 이미지를 연출할 수 있다.

ⓔ 노랑: 노랑은 해바라기, 국화, 바나나 등과 같은 구체적인 이미지를 느끼게 하며 행복, 즐거움, 젊음, 봄, 햇살의 이미지를 갖는 밝고 따뜻하며 역동적이며 생동감과 명랑한 느낌을 주는 색이다. 매우 친근한 느낌을 주는 심리적 효과가 있어 근심 따위를 덜어 주기도 한다. 플라워디자인에서 부분적으로 노란색을 사용하면 생명력을 느끼게 하며, 파란색과 함께 배색하면 작품을 한층 돋보이게 할 수 있다. 아시아권에서는 메탈릭 노랑인 황금색이 부와 권위를 상징하여 선호되기도 한다. 그러나 노란색만으로 어렌지먼트를 하면 보는 이로 하여금 지루함과 어색함을 느끼게 할 수 있고, 또 노랑은 질투, 경박의 이미지도 있으므로 주의한다. 노란색과 보색관계에 있는 보라색 꽃들을 사용해서 봄의 느낌을 물씬 풍기는 디자인을 구상하면 훌륭한 작품이 나올 수 있다.

ⓜ 백색: 흰색은 무채색으로 색상환에는 없지만 플라워디자인에서 아주 많이 사용되는 색이다. 스스로는 독립적인 색이면서 다른 색의 꽃과 잘 어울리며 같이 사용하는 꽃의 색을 보다 선명하고 생생하게 보이도록 해준다. 흰색이 지나치게 많으면 공허감이나 지루함을 느낄 수도 있는데 약간의 다른 색채가 혼합된 흰색은 따뜻한 느낌을 줄 수 있다. 눈, 흰 백합, 설탕, 웨딩드레스와 같은 이미지를 가지며 청초, 청순, 결백, 평화 등을 상징하고, 맑고 깨끗한 느낌, 청결하고 우아한 분위기, 정숙한 느낌을 준다.

ⓗ 녹색: 자연적이면서 안정감을 주는 중성색인 녹색은 꽃줄기나 잎처럼 자연스러운 배경을 연출하게 된다. 안전, 평화, 영원, 희망, 생명을 상징하며, 마음을 가라앉히고 편안함을 주는 자연의 색으로 우리가 가장 친숙하게 느끼는 색이다. 초록에서 연상되는 이미지는 자연의 푸름, 생명력, 신선함, 봄, 초원, 숲 등이다.

ⓢ 청색: 푸른색은 지적 냉정, 행복, 이상, 정숙, 신비, 우울 등을 상징하는 색으로 작품에서 평화롭고 조용하며 차가운 느낌, 시원한 느낌, 청량감을 준다. 파란색의 꽃들은 뒤로 후퇴하는 느낌을 주므로 작품에서 뒷부분에 사용하면 공간감의 깊이를 한층 더 느낄 수 있게 한다. 파랑은 신뢰감과 신용을 의미하는 색이기도 하다.

◎ 보라색: 보라색은 한난의 차가 없는 중성색으로 분류할 수 있으나 다른 색과의 근접성, 조명과 배경, 보라색 자체에 함유된 빨간색과 파란색의 함유도에 따라 그 색채가 차가운 느낌을 줄 수도 있고 따뜻한 느낌을 줄 수도 있다. 보라색은 신비스러

운 분위기, 귀한 색상의 이미지를 갖고 있어 다른 여러 색상과 어울림보다 독자적인 매력을 표현할 수 있는 뭉치 디자인이 더 효과적이다. 우아하고 화려한 느낌과 동시에 외로움과 슬픔을 느끼게 하는 색이기도 한데 색조가 연해지면 로맨틱하고 우아한 느낌을 주고, 색조가 진해지면 장엄하고 위엄 있고 격조 높은 색이 된다.

ⓧ 흑색: 그 스스로는 어느 색에도 물들지 않는 강렬함을 지니고 있으며, 다른 색을 정리해주고 돋보이게 하는 성질을 가지고 있다. 흰색, 회색과 함께 가장 클래식하면서도 모던한 색이다. 검정색 화기에 흰 꽃보다는 다양한 색의 꽃을 디자인할 때 꽃이 지닌 색의 화려함과 아름다움이 한층 돋보일 수 있다. 검정색은 차분하고 무거운 느낌, 현대적이고 우아하며 세련된 느낌을 주나 어둠을 상징하며 죽음이 연상되는 부정적 이미지도 갖는다.

㉺ **색의 대비**

색은 개별적인 느낌 외에 어떤 색 옆에 다른 색들을 배열하거나 또는 조화된 색들 내에 강하게 대비되는 색을 사용함으로써 색의 효과를 증대시킬 수 있다. 이처럼 하나의 색이 주위의 색이나 먼저 본 색의 영향을 받아 색상, 명도, 채도 등이 다르게 보이는 현상을 색의 대비현상이라 하는데 크게는 계속대비와 동시대비가 있다.

그림3-85 색의 대비가 두드러진 작품

동시대비 중에는 명도대비, 색상대비, 채도대비 등이 있으며 명도대비는 명도가 다른 두 색이 서로 대조가 되어 두 색 간의 명도차가 크게 보이는 현상으로 동시대비 중 가장 예민한 대비이다. 색상대비는 색상이 다른 두 색이 서로 대조가 되어 두 색 간의 색상차가 크게 보이는 현상으로 그 중 보색대비는 가장 강렬한 색상대비이다. 채도대비는 탁한 색 위에 어떤 색을 놓고 보면 원래의 색보다 맑은 색으로 보이는 현상으로 채도차에서 생기는 대비이다.

③ 색채 조화와 배색

색채 조화(color harmony)는 두 가지 이상의 색채를 사용하여 서로 대립되면서도 전체적으로 통일된 인상을 주거나 서로 조화하여 보는 이에게 즐거운 감정을 느끼도록 하는 미적효과를 말한다. 이것은 두 가지 이상의 색 중 각각의 색을 얼마만큼 어떻게 배치해야 서로 잘 어울리는가 하는 효과적인 배색의 문제로 귀결된다. 배색을 할 때는 배색의 목적과 주위환경, 면적 비례, 꽃과 소재의 색상, 명도, 채도, 이미지, 색조와 더불어 화기와 리본, 각종 장식, 주변 색과의 조화를 고려해야 한다.

배색의 구성요소로는 기조색(base color), 주조색(dominant color), 보조색(assistant color), 강조색(accent color)이 있다. 기조색은 주로 바탕색이나 배경색으로 전체 색조 중에서 가장 억제된 색을 사용한다. 주조색은 배색에 사용되는 색 중에서 가장 많은 양으로 전체 이미지에 통일감 있는 인상을 준다. 전체 배색 중 약 70~75%를 차지한다. 보조색은 주조색을 보조하는 역할을 하고 주조색과는 동일, 유사, 반대, 보색 등의 관계가 성립한다. 전체 색 중 약 20~25%를 차지한다. 강조색은 사용되는 색 중에서 가장 적은 양을 차지하지만 가장 눈에 띄는 색으로 전체 색조에 긴장감을 주거나 시선을 집중시키는 효과가 있다. 사용되는 색 중에서 약 5%를 차지한다. 배색에는 색상 기준의 배색, 명도 기준의 배색, 채도 기준의 배색, 톤(색조) 기준의 배색, 이미지 배색 등이 있다.

㉮ 색상 기준의 배색

㉠ 동색 계열 배색: 한 가지 색과 그 색상에 명도 차이를 둔 색(틴트, 톤, 쉐이드)들의 배색인 동색 계열의 색 배치는 통일감과 조화를 줄 수 있는 쉬운 방법으로서 안정감 있고 조용하며 부드러운 느낌을 준다. 그러나 자칫 지루해 보일 수 있는 단점이 있다. 배색 포인트는 한 가지 명도가 주조를 이루도록 하고, 부분적으로 명도와 채도 차를 두어 시각적인 변화를 주도록 하는 것이다. 프리저브드 플라워 상품 디자인에 많이 활용하는 배색방법이다.

그림3-86 동색 계열 배색(짙은 빨강, 분홍, 빨강)

ⓛ 유사색 계열 배색: 하나의 1차색과 색상
환에서 근접해 있는 서너 가지 색상을 사
용하는 방법이다. 자칫 부조화의 느낌을
줄 수도 있으나 명도와 채도 차를 크게 하
면 다양하고 풍부한 조화를 꾀할 수 있다.
난색계(빨강, 주황, 노랑)끼리의 배색은
따뜻한 분위기로 자극적이면서도 알맞게
정돈된 느낌을 주고, 한색계(청록, 파랑,
남색)끼리의 배색은 차분한 분위기로 이
지적이고 정적인 느낌을 준다. 중성계(녹
색계, 보라, 자주 등)의 배색은 큰 특징은
없으나 시각적으로 피곤하지 않고 상쾌한
분위기로 정돈된 느낌을 준다.

그림3-87 유사색 배색(노랑, 연두, 녹색)

그림3-88 삼색대비 배색(빨강, 파랑, 노랑)

ⓒ 근접 보색상의 배색: 대조색 계열의 배색
이라고도 하며 서로 대비가 되고 색상 차
가 큰 배색 방법으로 화려하고 강한 느낌,
시각적으로 강한 자극을 주는 배색이다.
분할 보색관계와(split complementary)

그림3-89 보색대비 배색(노랑, 보라)

삼색대비 보색(triad)이 있다. 분할 보색관계 배색은 한 색상과 이와 마주보고 있는
보색의 양쪽에 위치한 두 색상을 조화시키는 배색이다. 보색대비만큼은 강렬하지
않지만 화려하고 강한 느낌을 준다. 삼색대비 배색은 색상환을 3등분 했을 때 서로
균일한 거리에 있는 색으로 배색한 것이다. 이러한 대조색 계열의 배색은 한 가지
색상이 주조를 이루도록 해 주는 것이 좋다.

ⓔ 보색 색상의 배색: 색상환에서 서로 마주보는 보색관계의 배색은 강렬한 대비를
연출하여 시선을 사로잡을 수 있다. 그러나 오래보면 질리게 되는데, 이때는 보색
간에 명도 차이를 주거나 색의 채도를 떨어뜨려서 배치를 하면 색의 대비가 두드러
지면서도 안정되고 차분한 느낌을 주어 오래보아도 질리지 않는다.

ⓜ 상충색의 배색: 상충되는 색의 배색은 서로 충돌하는 느낌의 색상을 다이내믹한 느낌이 되도록 각 소재들이 가진 색채의 명도와 채도, 비율 등을 다양하게 배분하는 방법이다. 보색 두 쌍을 사용한다든지 세 개의 색채를 정하고 그 가운데 한 색상과 보색관계를 이루는 색 하나를 더하여 구성하는 방법 등이 있다. 이러한 색 배치는 하나의 작품에 전혀 다른 색상을 사용하기 때문에 보는 이에게 시각적으로 무척 강한 자극을 준다. 색채 비율과 명도 차이를 통하여 보는 이에게 편안한 느낌을 줄 수 있도록 구성하는 것이 배색 포인트이다.

⑭ 명도 기준의 배색과 채도 기준의 배색

명도 차가 작은 고명도끼리의 배색은 밝고 경쾌한 느낌이 나며, 중명도끼리의 배색은 변화가 작고 단조로운 느낌, 저명도끼리의 배색은 무겁고 어두운 느낌을 준다. 명도 차가 중간인 배색으로 고명도와 중명도의 배색은 경쾌하며 비교적 밝은 느낌을 주며 중명도와 저명도의 배색은 다소 어두우나 안정된 느낌을 준다. 명도 차가 큰 고명도와 저명도의 배색은 명확하고 명쾌한 느낌이 난다.

채도 차가 적은 고채도끼리의 배색은 자극적이고 강하며 화려한 느낌, 중채도끼리의 배색은 안정감이 있고 점잖은 느낌, 저채도끼리의 배색은 점잖고 약한 느낌을 준다.

반면 채도 차가 중간인 고채도와 중채도, 중채도와 저채도의 배색은 점잖고 안정된 느낌을 준다. 고채도와 저채도는 대체로 화려하지만 안정된 느낌을 준다. 그러나 색의 면적에 따라 다른데 약한 색은 강한 색보다 넓게 사용하여 균형이 이루어지도록 한다.

⑮ 색조(톤, tone) 기준의 배색

색조란 명도와 채도의 복합 개념으로 같은 색상에서 명암, 강약, 농담 등의 상태를 나타낸다. 색의 명도와 채도의 변화로 일어나는 색조(tone)의 배색은 색의 조화를 잘 표현할 수 있다. 색조에는 원색 톤(vivid), 강한 색조(strong), 밝은 색조(bright), 엷은 색조(pale), 아주 엷은 색조(very pale), 연한 회색조(light grayish), 연한 색조(light), 회색조(grayish), 가라앉은 색조(dull), 짙은 색조(deep), 어두운 색조(dark) 등이 있다.(I.R.I Color Design)

고명도의 밝은 색조나 저채도의 맑은 색조의 배색은 자유롭고 생기 있는 배색이 되며, 중명도 저채도의 연한 회색조 계열의 배색은 온화하고 부드러운 인상을 준다. 고채도의 강한 색조의 배색은 움직임이 크게 느껴지는 배색으로 대담한 느낌을 준다. 그러나 반대 색상을 조합할 때는 너무 강해지지 않도록 면적이나 디자인에 세심한 주의가 요구된다. 회색톤 배색은 차분한 느낌을 줄 수 있는데 반대 색상으로 배색하면 차분하면서도 변화의 느낌을 줄 수 있다. 분홍과 빨강처럼 동일 색상의 엷은 색조와 강한 색조의 조합은 좋은 배색효과를 얻을 수 있다.

㉖ 이미지 배색

이미지에 따른 배색으로 연분홍, 연두, 연보라 등의 파스텔 톤의 배색은 낭만적 이미지, 선명한 빨강이나 주황, 노랑, 연두는 귀여운 이미지에 어울린다. 흰색과 파랑색의 원색 톤이나 엷은 색조는 깨끗하고 시원한 이미지를 표현하기 적합하다. 남색 계열이나 자주 계열의 파스텔 톤 그러데이션 조합이나 크림색과 옅은 보라의 조합은 우아한 이미지 연출에 적당하다. 또 화려한 이미지 표현에는 엷은 색조와 짙은 색조의 보라, 자주, 빨강, 노랑과 검정색 배색이 알맞다.

연한 혹은 연한 회색조의 갈색, 녹색, 주황, 베이지색 등은 자연적인 이미지, 흰색, 회색, 검정, 파랑, 빨강의 원색 톤이나 어두운 색조, 아주 엷은 색조는 스타일리시한 현대적 이미지 표현에 자주 쓰인다. 또 빨강, 녹색, 주황, 노랑, 검정의 원색 톤이나 강한 톤은 다이나믹한 느낌을 주며 남색, 진녹색, 갈색, 베이지, 어두운 자주나 짙은 자주색은 클래식한 이미지 표현에 적합

그림3-90 우아한 이미지

그림3-91 밝고 귀여운 이미지

그림3-92 현대적 이미지

그림3-93 내추럴 이미지

하다. 부유한 이미지를 표현하기 위해서는 빨강, 갈색, 팥색, 녹색, 올리브색에 검정을 혼합한 색이나 메탈릭 금색, 자주색의 강한 색조나 짙은 색조를 많이 쓴다.

　한편 사계절의 이미지를 나타낼 수 있는 색채의 배색도 생각해 볼 수 있다. 봄은 귀엽고 밝은 이미지, 로맨틱한 이미지가 연상되는데 노란색의 맑고 산뜻한 색상, 투명하고 밝은 느낌의 우아하고 아름다운 파스텔 톤의 컬러가 가장 적합하다. 벚꽃의 연분홍, 유채꽃의 연노랑, 신록색 등이 대표적이다. 여름은 우아하고 고상한 이미지, 시원한 이미지로서 엷은 청색의 밝고 부드러운 색상으로 대표되며 하늘과 바다의 푸른 색, 해바라기의 노랑, 수국색 등을 들 수 있다. 가을은 풍성하고 자연스러운 이미지로 다가오는데 주황이나 노랑의 깊고 부드러운 색상, 비교적 낮은 명도, 낮은 채도의 깊고 부드러우며 따뜻함이 있는 색상이 최적이다. 밤, 홍시 등의 열매, 단풍잎, 은행잎 등에서 오는

Tip | 쉽게 하는 배색 요령

　㉠ 주조색(dominant)을 사용한다.
　　배색 전체를 지배하는 주조색을 사용하면 통일감을 줄 수 있다. 주조색은 전체 배색의 70~75% 정도이고 나머지는 보조색(20~25%)과 강조색 등이다.
　㉡ 액센트(accent)를 준다.
　　평범하고 단순한 배색에 변화를 주는 강조색을 사용하여 액센트를 주면 생동감 있는 배색 효과를 기대할 수 있다. 강조색은 전체 배색의 약 5%가 적당하다.
　㉢ 대비(contrast)를 활용한다.
　　대비를 주면 색의 균형이 이루어지고 지루하지 않은 배색이 된다.
　㉣ 그러데이션(gradation)도 좋은 방법이다.
　　색상이나 색조가 점차적으로 변하도록 하면 리듬감이 생겨 작품에 활력이 생긴다.
　㉤ 분리배색(seperation)으로 리듬을 준다.
　　두 색 간의 대비가 지나칠 때 분리색을 넣어 조화를 이루게 하거나 너무 유사한 경우 분리색을 사용하여 리듬을 준다. 분리색으로는 주로 무채색을 사용한다. 그 이유는 무채색은 어떤 색과도 조화를 이루기 때문이다. 색의 대비가 지나칠 때는 검정색, 비슷한 톤에는 흰색으로 분리시키면 효과적이다.

그림3-94 분리배색

색상이다. 겨울은 깨끗하고 화려한 이미지의 계절이다. 청색 계통이나 강한 색조, 밝은 회색조, 어두운 톤의 컬러가 적합하다. 눈의 흰색, 눈 오는 날의 회색 하늘, 크리스마스의 붉은색과 녹색, 금은색이 대표적이다.

그림3-95-1 봄 이미지(정지연)

그림3-95-2 여름 이미지(최영교)

그림3-95-3 가을 이미지

그림3-95-4 겨울 이미지

(4) 와이어 공예 기법

프리저브드 플라워아트에는 와이어 공예를 비롯한 여러 공예가 많이 응용된다. 따라서 여러 공예의 기본적인 기법을 알아두면 유익하다.

① 재료

와이어 공예에 필요한 기본적 재료는 와이어이다. 공예용 와이어에는 흔히 철사로 불리는 스틸 와이어, 은색의 녹슬지 않는 알루미늄 와이어, 알루미늄 와이어에 컬러 코팅을 한 컬러 알루미늄 와이어, 불그스름한 동 와이어, 샛노란 금색의 황동 와이어 등이 있다.

그림3-96 각종 와이어

알루미늄 와이어는 알루미늄 재질의 연성 와이어이므로 원하는 모양을 마음대로 구부릴 수 있다. 공예용 와이어는 1㎜~6㎜가 가장 많이 사용된다. 그 외 비즈를 엮는 데 사용하는 아티스틱 와이어도 있다. 와이어 공예에는 와이어 외에도 순간접착제, 종이테이프 등도 필요하다.

그림3-97 와이어 공예 공구

② 공구

㉮ **롱노우즈 펜치**

와이어 공예의 기본공구로, 앞부분이 가늘고 반듯하다. 홈이 파인 것과 파이지 않은 것이 있다.

㉯ **니퍼**

와이어를 자르는 전문 공구로 롱노우즈 펜치가 닿지 않는 틈새 부분을 자르거나 들쑥날쑥한 끝부분을 잘라 정리하는 데 편리하다.

㉰ **기타**

이 외에도 집게, 자, 필름케이스나 펜 등이 사용된다.

③ **기본 테크닉**

㉮ **곡선 만들기**

양손으로 와이어를 잡고 구부리고 싶은 부분에 엄지를 대고 천천히 힘을 주어 구부린다.

㉯ **각 만들기**

손으로 와이어 양끝이 교차하도록 와이어를 꺾어 구부린다. 혹은 한 손으로 와이어를

그림3-98 곡선 만들기

그림3-99-1 손으로 각 만들기

그림3-99-2 롱노우즈 펜치 이용

그림3-100 코일 만들기

그림3-101 링 만들기

그림3-102 달팽이 모양 만들기

고정하고 와이어 끝과 롱노우즈 펜치가 일직선이 되도록 잡은 후 꺾는다. 집게를 이용하면 롱노우즈 펜치보다 예리한 각을 만들 수 있다.

㉰ 코일 만들기

둥글고 가는 볼펜 등을 축으로 이용하여 와이어를 동일 간격으로 말아 준다.

㉱ 링 만들기

둥글고 가는 드라이버 등을 축으로 이용하여, 와이어를 같은 간격으로 말아서 코일 형태로 만든다. 만들어진 코일의 링을 하나씩 니퍼로 자른다.

㉲ 달팽이 모양 만들기

와이어 끝을 롱노우즈 펜치를 이용하여 수직으로 잡고, 와이어를 잡은 손도 같이 움직이면서 나선형으로 말아준다.

㉳ 루프 뜨기

굵은 와이어로 여러 개의 축을 만들어 둥글게 교차시킨 후 축 한 가닥에 한 바퀴씩

가는 와이어를 감아 나간다. 감는 방법은 동일한 방향으로 넣을 수도 있고, 한 번은 축의 위로, 그 다음은 축의 아래로 감아나가는 방법도 있다.

그림3-103 **루프 뜨기**

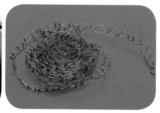

그림3-104 **사슬 뜨기**

㉔ **사슬 뜨기**

완성 작품의 크기를 고려하여 와이어를 잘라 준비한 다음, 손가락으로 둥글게 말아 원을 하나 만든 다음, 이어진 와이어를 엄지와 검지를 이용하여 원 속으로 끌어 올려 또 다른 원을 만드는 식으로 사슬을 만들어 나간다.

㉕ **하트 모양 만들기**

손으로 와이어를 반으로 접은 후, 접힌 부분을 롱노우즈 펜치로 밀착시켜 주고 접힌 부분을 아래로 가게 하여 중심으로 삼아, 두 줄의 와이어를 벌려 아래로 구부리면서 하트 모양을 만들어 준다.

그림3-105 **하트 모양 만들기**

(5) 리본장식법

프리저브드 플라워 작품에는 크고 작은 리본장식이 다양하게 활용될 수 있다. 공간을 메우는 용도로 쓰일 수도 있고 어렌지먼트의 한 부분으로서 작품을 완성시키는 데 중요한 요소가 될 수도 있다. 리본장식물을 만들기 위해서는 리본 혹은 스웨이드 끈, 와이어, 리본가위, 글루건 등이 필요하다.

① 리본장식 1

ㄱ 리본을 적당한 길이로 잘라 한쪽 끝에서부터 리본을 둥글게 교차시켜 교차점을 한 손으로 누른 다음 짧은 선이 위로 가게 하여 보우를 만든다.

ㄴ 밑에 있는 선을 위로 빼어 다른 쪽에 보우를 만들어 주면서 짧은 선 위로 교차시키면 나비 모양이 만들어진다.

ㄷ 남은 리본은 적당히 자르고 지철사로 교차지점을 감아 고정시킨 후 자투리 리본으로 한 바퀴 돌려 글루건으로 풀을 바르고 마무리한다.

그림3-106 리본장식 1

② 리본장식 2

ㄱ 리본을 적당한 길이로 잘라 왼쪽 끝에서부터 리본을 둥글게 교차시켜 교차점을 한 손으로 누른 다음 짧은 선이 위로 가게 하여 보우를 만든다.

ㄴ 밑에 있는 선을 위로 빼어 다른 쪽에 보우를 만들어 주면서 짧은 선 위로 교차시키면 나비 모양이 만들어진다.

ㄷ 다시 왼쪽 아래에 와있는 남은 리본을 왼쪽 아래에 보우를 만들면서 교차점을 지나 오른쪽 윗부분으로 빼어 준다.

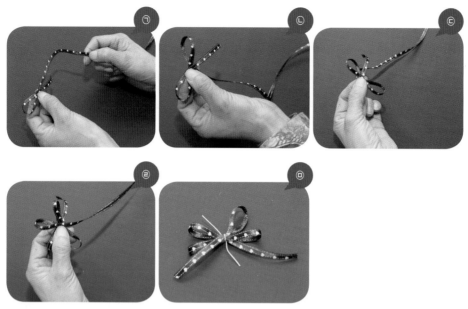

그림3-107 리본장식 2

ⓔ 오른쪽 위에 보우를 하나 더 만들고 다시 교차점을 지나 왼쪽 아래로 리본을 빼 준다.

ⓜ 교차점을 지철사로 꼭 묶고 남는 리본은 자른다. 자투리 리본을 풀을 발라 지철사가 보이지 않도록 돌려 붙인다.

③ 리본장식 3

㉮ 타입 1

리본을 적당한 길이로 잘라 타원형을 만들어 준 후 리본 끝을 모아 와이어를 감아 고정시킨다. 플로랄테이프를 와이어에 감는다. 이 타입의 용도는 주로 꽃다발, 어렌지먼트 등에서 꽃 사이에 꽂아 빈 공간을 메우거나 장식효과를 꾀함으로써 완성도를 높이기 위한 것이다.

㉯ 타입 2

리본을 적당한 길이로 잘라 크고 작은 타원형 두 개를 만든 후 아랫부분을 모아 쥐고 와이어를 감는다. 와이어 부분에는 플로랄테이프를 감는다. 이 타입의 용도도 주로 꽃다발, 어렌지먼트 등에서 꽃 사이에 꽂아 작품의 완성도를 높이기 위한 것이다.

그림3-108 타입 1   그림3-109 타입 2   그림3-110 타입 3

④ 타입 3

　리본을 적당한 길이로 잘라 양끝을 겹치게 한 후 가운데 부분에 지철사를 묶어 준다.
여러 개를 만들어 부케 등에 사용한다.

④ 리본장식 4

　㉠ 리본 끝을 돌려 왼쪽 엄지에 말아 작은 원(보우)을 만들어 엄지와 검지로 눌러 잡
　　아 중심을 만들어 준다. 이때 교차되는 부분이 아래로 오게 한다.

　㉡ 오른 손으로 남은 리본을 중심에서 왼쪽으로 빼어 둥글게 말면서 아래로 돌려 중
　　심까지 가져오면 왼손으로 다가온 선을 같이 모아 잡는다.

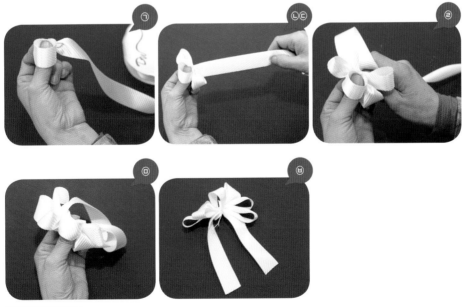

그림3-111 리본장식 4

ⓒ 오른 손으로 남은 리본을 중심부분에서 180° 꼬아 오른쪽으로 빼어 둥글게 말면서 아래로 돌려 중심에 가져오면 왼손으로 다가온 선을 같이 모아 잡는다.

ⓓ ⓑ과 ⓒ과정을 왼쪽 아래, 오른쪽 아래에서 행하고, 왼쪽 위 오른쪽 위에서 행한다.

ⓔ 남은 리본을 길게 아래로 빼어 커다란 타원을 만든 후 중심에 모아 잡고 아래 중간 부분을 가위로 잘라 준다.

ⓕ 지철사나 빵끈 등으로 가운데부분을 맨 위의 작은 원 윗부분만 제외하고 묶어준다.

⑤ 리본장식 5

리본장식 4의 변형으로 최근에 꽃다발 등에 많이 쓰이는 방법이다.

ⓐ 리본 한 쪽 끝부분에서 한 뼘(약 15㎝) 정도 되는 곳을 검지와 중지로 잡고 다른 손으로 리본의 긴 부분을 360° 꼬아준다.

ⓑ 꼬인 부분을 중심으로 원(보우)을 서로 대칭이 되도록 6개 만든다. 만드는 방법은 리본장식 4의 ⓑ~ⓓ 과정과 동일하다.

ⓒ 리본의 마지막 부분도 한 뼘 정도 남도록 하여 꼬인 중심 부위에 합쳐서 지철사나 빵끈으로 꽉 묶어준다.

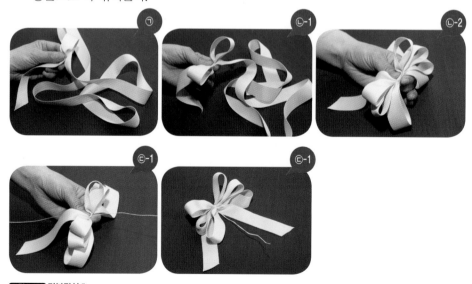

그림3-112 리본장식 5

Chapter 04

프리저브드 플라워 작품 세계

01 코르사주

① **준비물**

미니장미 두 송이, 열매, 스토베, 그린 세 장, #22 와이어, 비즈, 플로랄테이프, 리본, 글루건, 글루스틱, 핀셋

② **만드는 법**

㉮ 미니장미를 후킹 기법과 피어싱 기법으로 와이어링한 후 글루건을 이용하여 꽃잎 사이를 벌려 송이를 예쁘게 키운다.

㉯ 잎 세 장에 브레이싱 기법으로 지철사를 위 아래로 넣어 잎자루 쪽으로 모은다.

㉰ 열매와 스토베에 트위스팅 기법으로 와이어링한다.

㉱ 잎 세 장을 꽃 뒤쪽과 앞쪽에 삼각형 구도로 대어 주고 비즈도 적절히 배치한 후, 줄기를 이루는 모든 와이어를 하나로 모아 플로랄테이프를 감는다.

㉲ 플로랄테이프를 감은 줄기에 리본을 줄무늬가 만들어지도록 일정한 간격으로 감는다.

㉳ 꽃 바로 아랫부분에 작은 리본을 만들어 붙인다.

02 보석함 모형 장식

① 준비물

미니장미 두세 송이, 수국, 라이스 플라워, 그린 약간, 리본, 비즈, 보석함 케이스,
굵은 와이어, 글루건, 글루스틱, 핀셋

② 만드는 법

㉮ 준비한 보석함을 사포로 손질한 후, 바깥 뚜껑과 몸체 아랫부분을 줄 비즈로 장식한다.

㉯ 굵은 와이어로 나선형 구조물을 만들어 보석함 안쪽 아랫면에 부착시킨다.

㉰ 장미를 블루밍한 후 구조물 위에 앉히고 수국과 그린 등을 곁들인 후 리본으로 장식한다.

㉱ 보석함의 뚜껑 부분에는 미니장미를 장식한다.

03 작은 벽걸이

① **준비물**

액자 프레임, 장미 한 송이, 작은 솔방울 모형, 곱슬버들, 형압이나 스켈톤,
에폭시 접착제, 색돌, 글루건, 글루스틱, 핀셋

② **만드는 법**

㉮ 가운데 부분을 제외한 액자 바닥에 에폭시를 칠하고 색돌 조각을 붙인다.

㉯ 장미를 블루밍하고 다른 소재들도 손질한 후 가운데 부분에 글루건으로 붙인다.

㉰ 나뭇잎 모양 형압을 염색하여 장미 주변에 배치한다.(생략 가능)

㉱ 작은 솔방울 모형을 디자인하여 붙이고 곱슬버들로 선을 만들어 준다.

04 이벤트 선물

① **준비물**

아이스크림 용기, 마시멜로 모형, 포크, 장미 한 송이, #22 와이어, 플로랄테이프,
주자 리본, 글루건, 글루스틱, 핀셋

② **만드는 법**

㉮ 아이스크림 용기에 마시멜로를 넣는다.

㉯ 장미를 블루밍하고 와이어와 플로랄테이프를 이용하여 줄기를 만든 다음 뚜껑 위
  구멍에서부터 용기 속에 넣어 준다.

㉰ 장미 줄기에 리본을 묶어 장식한다. 참고로 리본 장식의 늘어진 부분을 나이프 등으로
  몇 번 훑어주면 곱실거리는 모양이 된다.

05 한 송이 장미 어렌지먼트

① 준비물

흰 장미 한 송이, 은회색 스토베, 니겔라, 흰색 깃털, 뭉치 깃털, #22 와이어, 지철사, 화기, 플로랄테이프, 플로랄폼, 진주 비즈, 글루건, 글루스틱, 핀셋

② 만드는 법

㉮ 플로랄폼을 잘라 화기 속에 넣어 고정시킨다.

㉯ 장미를 와이어링 및 블루밍한다. 스토베와 깃털도 지철사로 와이어링한다.

㉰ 장미를 플로랄폼의 가운데에 꽂아 주고 스토베와 깃털을 장미 길이보다 조금 길게 화기부분에서부터 꽂아 준다. 뭉치 깃털을 장미 주변에 둘러준다.

㉱ 니겔라를 장미 주변에 삼각 구도로 꽂는다.

㉲ 뭉치 깃털 중간 중간에 와이어링한 진주 비즈를 깊숙이 꽂아 준다.

01 곱창리본 토피어리

① 준비물

공단리본 35㎝, 바느질 도구, 가위, 장미 한 송이, 사과 1개(인조), 작은 새(모조), 리본,
화기, 비즈, #22 와이어, 갈색 주름지나 플로랄테이프, 목공본드, 플로랄폼, 글루건,
글루스틱, 핀셋

② 만드는 법

㉮ 글루건을 이용하여 비즈로 화기를 장식한다.

㉯ 플로랄폼을 화기에 맞게 잘라 채워 넣는다.

㉰ 장미를 와이어링하여 블루밍한다. 와이어링한 장미의 줄기에 갈색 주름지를
목공본드로 풀칠하여 나무 줄기 모양으로 감아준다.

㉱ 공단리본의 한쪽 가장자리에 시침질하여 실을 잡아당긴 다음 주름을 잡아 곱창리본을
만든다.

㉲ 장미의 줄기 끝 부분에 목공본드를 칠하여 플로랄폼 중앙에 꽂아준다.

㉳ 화기 가장자리를 따라 곱창리본을 둘러주고 폼과 리본 사이 중간 중간에 글루를
묻혀 고정시킨다. 새와 사과도 적당한 곳에 보기 좋게 배치한다.

㉴ 리본을 만들어 꽃 바로 아래 붙이고 화기에도 비즈로 포인트를 준다.

02 그린멜리아 와인잔 어렌지먼트

① 준비물

유리잔, 헤데라잎, 인조 속씨, 지철사, #24 와이어, 플로랄테이프, 리본, 진주 비즈, 가위, 글루건, 글루스틱, 핀셋

② 만드는 법

㉮ 진주 비즈를 유리잔에 넣는다.

㉯ 인조 속씨를 반으로 접어 지철사로 트위스팅하여 묶고 플로랄테이프를 두껍게 감아 화심을 만들어 준다.

㉰ 속씨를 중심으로 헤데라잎을 작은 잎부터 꽃송이 모양으로 붙여 나간다. 외곽에 들어갈 잎은 헤어핀 기법으로 와이어링하여 배치한 후 플로랄테이프를 감아 고정시킨다.

㉱ 그린멜리아를 유리잔 중앙에 꽂아준다.

㉲ 와인잔 바깥에도 진주 비즈를 붙여 장식한다.

03 유리화기와 로즈멜리아

① **준비물**

장미 두 송이, 유리화기(넓고 얕은 것), 주트, 작은 진주 비즈 15알 정도,
풍뎅이 한 마리(인조), 카파 와이어, 글루건, 글루스틱, 핀셋

② **만드는 법**

㉮ 장미의 꽃잎을 조심스럽게 떼어 내 로즈멜리아를 만들어 준다.
　(로즈멜리아 만드는 법은 소재활용법 로즈멜리아 만들기 참고)

㉯ 주트를 화기 바닥에 맞게 얇고 둥그렇게 펴서 글루건으로 고정시킨다.

㉰ 진주 비즈를 카파와이어에 5알씩 꿰어 원을 만든 다음 주트 위 가장자리에 붙인다.

㉱ 그 위에 로즈멜리아를 고정하고 풍뎅이 한 마리도 배치한다.

04 리스

① **준비물**

링폼, 장미 한 송이, 튜브로즈, 수국과 안개꽃 약간, 열매류, 그린 약간, 오간디 리본, 구슬 비즈, 강철와이어, 글루건, 글루스틱, 핀셋

② **만드는 법**

㉮ 리스 형태의 스티로폼인 링폼에 오간디 리본을 약간씩 겹치게 감아준다. 이중으로 감아도 된다.

㉯ 3:5 비율로 한쪽에는 구슬 비즈를 붙이고, 맞은편에는 장미와 각종 소재로 장식한다.

㉰ 리본으로 걸고리를 만들어 강철 와이어로 만든 U자 핀으로 리스 뒷면에 고정시킨다.

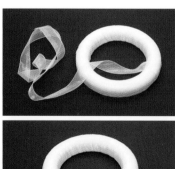

05 커피하우스

① 준비물

미니장미, 강아지풀, 열매류, 그린류, 레이스, 작은 나무 등걸 모형, 한지,
커피하우스 모형, 커피스틱, 봉지녹차, 접착제, 펜, 풀, 글루건, 글루스틱, 핀셋

② 만드는 법

㉮ 커피하우스 모형에 한지를 붙인다. 아랫부분에 입구 윤곽을 따라 레이스를 붙인다.

㉯ 지붕과 벽면에 꽃과 그린 등을 장식한다.

㉰ 앞 벽면에 `Coffee House`를 쓴다.

㉱ 입구에 녹차와 커피스틱을 넣는다.

06 압화 디자인 액자

① 준비물

수국, 카네이션, 미니 유칼립투스, 피토스(잎 종류), 아스파라거스, 미국자리공 열매,
인조나비, 사진액자, 한지, 목공본드, 글루건, 글루스틱, 핀셋

② 만드는 법

㉮ 카네이션 꽃잎과 수국 꽃잎, 그린류 등을 두꺼운 책 속에 끼워 하루 정도 눌러둔다.

㉯ 액자 바닥에 목공 본드로 한지를 붙인다.

㉰ 디자인을 구상하여 꽃잎과 그린을 목공본드나 글루건을 이용하여 붙인다.

07 배 모양 화기 실내장식

① 준비물

배 모양 화기, 장미 다섯 송이, 수국, 크리스팜, 안개꽃, 그린, 인조 나비,
플로랄폼, 와이어, 플로랄테이프, 글루건, 글루스틱, 핀셋

② 만드는 법

㉮ 화기 크기에 맞게 플로랄폼을 잘라 붙인다.

㉯ 장미를 글루건을 이용하여 꽃잎 사이를 벌리고 와이어링 및 플로랄 테이핑
　처리한다.

㉰ 다른 소재들도 와이어링 및 플로랄 테이핑 처리를 한다.

㉱ 수평형이 되게 꽃과 인조 나비를 꽂아준다.

08 화동 꽃바구니

① 준비물

무광 컬러와이어(1.2㎜), 비즈(진주 모양), 리본, 장미 세 송이, 롱노우즈 펜치, 글루건,
글루스틱, 핀셋, 장식용 그린 와이어

② 만드는 법

〈컬러와이어로 바구니 짜기〉

㉮ 무광 컬러와이어로 일단 동그랗게 고리를 만든 후 그 고리 속으로 엄지와 검지를 넣어
와이어를 끌어 당겨 다음 고리를 만들어 나가는 사슬뜨기로 와이어 사슬을
약 5m 정도 만든다.

㉯ 와이어 사슬을 롱노우즈 펜치를 이용하여 바구니 형태로 밑 부분부터 나선형으로
돌려 엮되, 움직이지 않도록 위아래 사슬을 군데군데 단단하게 엮어준다.

㉰ 약 50㎝ 컬러와이어 2개를 준비하여 반으로 접어 하나씩 문고리에 걸어 꼬아 바구니에
손잡이로 달아준다. 이 때 두 개의 선이 서로 교차되도록 한다.

㉱ 진주 비즈를 카파와이어에 꿰어 바구니 겉면에 자연스러운 구성이 되도록 엮어 준다.

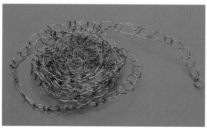 

〈바구니에 꽃 앉히기〉

㉰ 면이 넓은 3개의 리본을 바구니 안쪽 면의 3배 정도 길이로 준비하여 리본장식을
  만든다.

㉱ 만든 리본장식을 바구니 안쪽에 세 개가 서로 일정한 간격을 이루도록 교차시킨 다음
  하나씩 글루건으로 고정시킨다.

  (꽃을 앉혔을 때 리본이 약간 바깥으로 나오도록 길이 조절)

㉲ 장미 송이를 키운 다음, 장식용 그린 와이어도 꽃 사이에 넣어 고정시켜 준다.

09 케이크 모형 장식

① 준비물

원형 상자 대소 각 하나씩, 리본, 진주, 장미 세 송이, 튜브로즈, 수국, 한지, 하트 픽,
양면테이프, 목공본드, 글루건, 글루스틱, 핀셋

② 만드는 법

㉮ 작은 상자 밑 바깥 부분에 접착제를 칠하여 큰 상자 위에 포개어 접착시키고
   상자표면에 한지를 붙인다.

㉯ 양면테이프를 리본에 붙여 상자에 테두리 장식을 한다.

㉰ 글루건을 이용하여 리본 위를 장식하고 진주를 붙인다.

㉱ 장미를 블루밍하여 상자 위와 측면에 장식한다.
   측면에 장식하는 장미는 꽃 하부를 오려내고 사용한다.

㉲ 장미와 장미를 연결하듯 튜브로즈와 수국을 리듬감 있게 붙인다.

10 야외 촬영용 부케

① 준비물

장미 여섯 송이, 익소디아, 금속볼, 부케 구조물, 진주 비즈, 레이스, 리본,
플로랄테이프, 부케 홀더, 비즈, 글루건, 글루스틱, 핀셋

② 만드는 법

㉮ 부케 구조물에 레이스와 비즈로 장식을 하고 부케 홀더를 구조물에 끼운다.

㉯ 블루밍한 장미와 익소디아, 금속볼 등을 와이어링 및 테이핑한다.

㉰ 리본을 와이어링 및 테이핑한다.

㉱ 부케 홀더 플로랄폼에 꽃 등을 라운드형으로 꽂는다.

   꽃을 때는 색채별로 그루핑하여 꽂는 것이 보기에 좋다.

㉲ 홀더 커버를 씌운다.

11 가을 이미지 장식

① 준비물

질그릇 화기, 장미 등 꽃과 그린류, 오리목 열매, 플로랄테이프, #24 와이어, 플로랄폼, 글루건, 글루스틱, 핀셋

② 만드는 법

㉮ 화기 중앙에 플로랄폼을 재단하여 붙인다.
  (접착테이프가 붙은 둥근 기성제품을 쓰면 편리하다.)

㉯ 꽃과 그린을 와이어링 및 테이핑한다.

㉰ 색채 조화를 염두에 두고 그루핑한다.

㉱ 높낮이를 두어 입체감과 리듬감을 살려 어렌지한다.

01 새해맞이 이벤트 상품

① 준비물

POP 글씨를 새긴 왕대, 미니장미 네다섯 송이, 천일홍, 수국, 그린류와 열매류.
색실이나 끈 종류, 글루건, 글루스틱, 핀셋

② 만드는 법

㉮ 30㎝ 정도 길이로 왕대를 잘라 반으로 쪼갠 후 한쪽 윗면에 "새해 복많이…"라는
   POP 글씨를 써 넣는다.

㉯ 장식할 면(글씨가 쓰여 있지 않은 대나무의 안쪽 면)에 색실로 무늬를 만든다.

㉰ 디자인을 구상하여 안쪽 면을 꽃과 그린류 등으로 장식한다.

㉱ 왕대의 두 쪽을 보기 좋게 연출한다. 선물할 때나 보관 시에는 두 쪽을 합쳐 색실로
   묶는다.

02 꽃잎을 이용한 인형 장식

① 준비물

인형 구조물, 미니장미, 수국, 꽃 모양 리본, 반쪽 인조진주, 한지, 목공본드, 글루건, 글루스틱

② 만드는 법

㉮ 장미 꽃잎을 떼어 붙이고자 하는 모양으로 오려 놓는다.

㉯ 인형 구조물에 한지를 물에 적셔 목공본드로 붙인다.

㉰ 한지 위에 목공본드로 꽃잎을 붙인다.

㉱ 꽃 모양 리본의 꽃을 하나씩 오려 인형 구조물에 붙이고 그 위에 반쪽짜리 인조 진주를 붙인다. 바깥 꽃잎을 떼어낸 미니장미를 인형 머리 부분이 되게 꽂아준다.

03 콜라주 액자

① 준비물

아크릴 액자, 벨벳 천, 장미 세 송이, 스켈톤, 미니장미 약간, 열매류, 비즈, 큐빅,
글루건, 글루스틱, 핀셋

② 만드는 법

㉮ 액자판에 벨벳 천을 씌우고 접착제로 고정시킨다.

㉯ 장미의 송이를 예쁘게 키운다.

㉰ 꽃 등을 디자인하여 부착시킨다.

㉱ 스켈톤을 약간의 입체감을 주어 붙이고 베일링 기법으로 줄 비즈를 장식한다.

㉲ 액자 뚜껑을 씌운다.

04 다용도 부케

① 준비물

장미 큰 송이 두세 개, 작은 송이 서너 개, 수국, 인조 달리아, 실버데이지, 라이스플라워,
공단리본, 두꺼운 종이, #18, 22, 24 와이어, 플로랄테이프, 펜, 가위, 글루건, 글루스틱, 핀셋

② 만드는 법

〈본체 만들기〉

㉮ 두꺼운 종이에 지름 10㎝ 정도의 원을 그린 다음 오려내고,
　중심 부분에도 동전 크기만큼 구멍을 내어준다.

㉯ 만들어진 원판에 중심에서 외곽으로 리본을 약간씩 겹치게 말아준다.

㉰ #18 와이어 3개를 중심 부분에 삼발을 이루도록 찔러 내려준다.

〈소재 줄기 만들기 및 완성하기〉

㉱ 장미를 블루밍한다.

㉲ 장미는 후킹 기법과 피어싱 기법으로 와이어 줄기를 만들어 주고 수국과
각종 그린 소재는 트위스팅 기법으로 줄기를 만들어 준다.
와이어 줄기에 플로랄테이프를 감는다.

㉳ 리본도 와이어를 걸어 트위스팅 기법으로 내려준 다음 플로랄테이프를 감는다.

㉴ 장미 등 각종 소재를 본체 가운데 꽂아 줄기를 내려준다.

㉵ 꽃과 각종 소재의 줄기(와이어)를 한데 모아 구심점에 맞추고,
잡았을 때 편안한 느낌이 들도록 조절한다.

㉶ 리본장식을 3개 만들어 와이어로 줄기를 만들어 본체 밑에 대어 주고
모든 줄기를 한데 모아 플로랄테이프를 감아주고 그 위에 리본을 감는다.

05 자연 소재를 활용한 공간 장식

① 준비물

마른 왕버들, 철쭉 가지, 가드니아, 줄맨드라미, 모리소니아, 장미, 이끼,
좁은 직사각형 화기, #22 와이어, 지철사, 글루건, 글루스틱, 핀셋

② 만드는 법

㉮ 화기에 마른 플로랄폼을 넣는다.

㉯ 마른 왕버들을 50~70㎝ 정도 되도록 잘라 화기에 그루핑하여 꽂는다.

㉰ 철쭉 가지를 왕버들 높이의 2/3 지점에 가로로 지철사를 이용하여 약간식 교차되게
묶어 준다.

㉱ 꽃을 와이어링하여 철쭉가지와 왕버들이 교차되는 곳에 주그룹, 역그룹, 부그룹으로
그루핑하여 배치한다.

㉲ 플로랄폼 위에 이끼를 넣어 준다.

06 색상환 장식

① 준비물

트레이, 장미 열 송이, 링폼, 흰 색돌, 리본, 레이스, 색상환표, 접착제, 글루건,
글루스틱, 핀셋

② 만드는 법

㉮ 준비한 트레이의 테두리 안팎에는 리본을 잘라 붙이고 윗면 외곽선에는 레이스를 붙여 준다.

㉯ 트레이 가장자리에 색상환 순서를 따라 장미 하부를 잘라내고 핫글루를 묻힌 다음
  붙여준다.

㉰ 링폼의 윗부분을 절단하여 색상환표를 붙여 색상별로 하나씩 잘라 해당 꽃 앞에 붙인다.

㉱ 중앙의 빈 곳은 흰 색돌을 접착제로 붙인다.

07 발 형태 벽걸이 장식

① 준비물

등라인, 카파와이어, 장미, 미니장미, 안개꽃, 인조 달리아, 천일홍, 그린, 모형 나비, 컬러와이어, 글루건, 글루스틱, 핀셋

② 만드는 법

㉮ 등라인을 30㎝ 정도 길이로 잘라 40개 정도 준비한다.

㉯ 자른 등라인을 카파와이어를 이용하여 발 형태로 엮는다.

㉰ 장미를 블루밍한다.

㉱ 구조물에 장미와 각종 소재를 크리센트형으로 오른쪽 아래에 장식한다.

㉲ 컬러와이어로 나선형 모양의 장식을 만들어 붙이고 나비도 붙인다.

08 핸드 타이드 꽃다발

① 준비물

색 포장지 2종, 장미 다섯 송이, 수국, 조화 약간, 리본, 금속볼, #24, 22 와이어,
지철사, 플로랄테이프, 빵끈

② 만드는 법

㉮ 장미는 후킹 기법과 피어싱 기법으로, 수국은 트위스팅 기법으로 와이어링하고
플로랄테이프를 감아준다. 장미는 블루밍한다.

㉯ 리본, 금속볼은 트위스팅 기법으로 와이어링하여 플로랄테이프를 감아준다.

㉰ 색상이 짙은 꽃 한 송이를 중심으로 모든 재료의 줄기를 한데 모아 원형의 꽃다발을
만든다. 이때 색상별 그룹을 지어 주면 좋다.
완성되면 지철사로 바인딩 포인트를 정하여 단단히 묶는다.

㉱ 포장지를 꽃다발 길이의 1.5배 정도, 폭의 3배 정도 되게 직사각형으로 자른 후
먼저 한 장을 대고 묶은 꽃다발을 중심에 놓는다. 그 후 포장지 양끝을 모은 다음
묶을 지점을 두 손으로 포장지 주름을 잡아가면서 모아 빵끈으로 묶는다.

㉲ 바깥 포장지는 안쪽 포장지보다 2㎝ 정도 내려서 위와 동일한 방법으로 싸서 묶어준다.

㉳ 안쪽 포장지와 동일한 색상으로 안쪽 포장지의 절반 정도 길이로 포장지를 잘라
묶은 지점에 다시 한 번 포장해 준다.

㉴ 리본장식을 만들어 묶은 지점에 달아준다.

09 작은 정원

① 준비물

장미, 실버데이지, 미니 아킬레아, 왕버들, 익소디아, 헤데라잎, 소나무, 이끼,
마른 철쭉 가지, 솔방울 등 꽃과 그린류, 화산석, 색돌, 인조 새, 풍뎅이, 한지, 엔젤헤어,
스티로폼, 와이어, 낮고 편평한 사각화기, 칼, 목공본드, 글루건, 글루스틱

② 만드는 법

㉮ 스티로폼을 원하는 모양으로 화기에 맞게 재단하여 목공본드로 고정한다.

㉯ 꽃과 그린에 와이어로 줄기를 만든다.

㉰ 절벽을 표현한 스티로폼 옆에 작은 돌을 붙이고 파란 한지로 시냇물을 표현한다.

㉱ 스티로폼 위에 장미, 열매, 그린, 나뭇가지, 솔방울, 색돌 등을 배치하여 고정한다.
빈 공간에는 접착제를 이용하여 이끼를 깔아준다.

㉲ 화산석을 배치한다.

㉳ 인조 새와 나비도 배치한다. 시냇물은 엔젤헤어로 반짝거리는 느낌을 표현한다.

10) 벽시계

① 준비물

시계, 장미 세 송이, 수국, 환타지아, 크리스팜, 엔젤헤어, 글루건, 글루스틱, 핀셋

② 만드는 법

㉮ 시계 우측을 장식할 디자인을 구상한다.

㉯ 장미 하부를 가위로 잘라 낸다.

㉰ 장미 절단면에 글루건으로 풀을 묻혀 구상한 곳에 붙이고 꽃잎을 조심스럽게 펴준다.

㉱ 수국과 크리스팜, 환타지아를 장식한다.

㉲ 엔젤헤어를 베일링 기법으로 약간 덮어 은은하면서도 우아한 느낌이 나도록 한다.

11 플라워 램프

① 준비물

돔형 케이스(화기), 장미, 메시리본, LED 전구와 건전지 케이스, #22 와이어, 한지를 플로랄테이프처럼 자른 것, 목공본드, 강력접착제, 스티로폼

② 만드는 법

㉮ 장미 꽃잎을 모두 따서 하부를 약간 오려내고 크기대로 분류한다. 꽃받침도 모아둔다.

㉯ 한지를 플로랄테이프처럼 오린 다음 목공본드를 칠하여 LED 전구 하부에 도톰하도록 몇 번 감아 붙인다. 플로랄테이프로 대신할 수 있다.

㉰ 장미꽃 모양이 되도록 꽃잎을 작은 것부터 LED 전구에 붙여준다.
마지막으로 꽃받침을 붙인다.

㉱ 와이어를 반으로 접은 다음 LED 전선에 대고 트위스팅한 다음 한지 자른 것을 감아 줄기를 만들어 준다.

㉲ 화기 바닥에 스티로폼을 붙이고 꽃 줄기(와이어)를 꽂아준다.
LED 전선과 건전지 케이스 전선을 서로 연결하고 건전지를 넣는다.
스위치가 케이스 바깥으로 나오도록 잘 조절한다.

㉳ 화기 바닥의 스티로폼과 건전지 케이스가 가려지도록 리본장식을 두세 개 만들어 화기 바닥에 장식한다.

12 컬러폼을 이용한 유리볼 장식

① 준비물

유리볼, 컬러폼, 잉글랜드 장미, 튜브로즈, 안개꽃, 미니장미, 리본, 글루건, 글루스틱, 핀셋

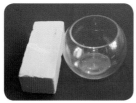 

② 만드는 법

㉮ 장미를 블루밍한 후 각 소재를 와이어링 및 테이핑한다.

㉯ 컬러폼을 유리볼에 맞게 재단한다.

㉰ 컬러폼에 장미와 튜브로즈 등 각종 소재를 높낮이를 두어 입체감 있게 꽂는다.

㉱ 리본장식을 한다.

㉲ 컬러폼 밑면에 접착제를 발라 유리볼 속에 붙인다.

01 한 송이 포장 상품

① 준비물

장미 한 송이, 헤데라 잎 등 그린류, 인조 줄기, 이끼, 안개꽃, 한 송이 포장용 케이스,
목공본드

② 만드는 법

㉮ 장미를 적당히 키운 다음 인조줄기와 연결한다.

㉯ 케이스 바닥 홈에 줄기를 고정시킨다.

㉰ 홈 주변의 케이스 바닥에 목공본드를 묻힌 후 이끼를 깔고 헤데라 잎 등 그린류를
　꽂아 준다.

㉱ 케이스를 씌우고 다시 포장용 케이스에 넣는다.

02 돔 케이스 장미

① 준비물

돔 스타일 케이스, 장미 한 송이, 스토베, 라이스플라워, 그린 약간, 비즈, 리본, 글루건, 글루스틱, 핀셋

② 만드는 법

㉮ 장미 꽃잎을 벌려 송이를 키운다.

㉯ 화기 뚜껑을 열고 장미와 스토베, 라이스플라워, 그린을 보기 좋게 배치한다.

㉰ 리본장식을 만들어 배치한다.

㉱ 케이스 아랫부분에 비즈를 장식한다.

03 밸런타인데이 선물상자

① 준비물

하트 모양 선물 상자, 미니장미 세 송이, 장미잎, 마가렛, 초콜릿, 오너먼트, 비즈, 벨벳, 글루건, 글루스틱, 핀셋

② 만드는 법

㉠ 선물 상자의 넓이에 맞게 플로랄폼을 잘라 선물 상자의 높이 절반까지 채우고 벨벳 천을 덮고 고정시킨다.

㉡ 선물 상자 바깥 부분에 비즈를 붙인다.

㉢ 벨벳 가장자리를 따라 초콜릿을 장식한다.

㉣ 가운데 부분은 미니장미와 마가렛, 장미 잎으로 장식한다.

㉤ 상자 뚜껑에 리본장식과 장미를 붙인다.

04 하트 케이스 장미

① 준비물

하트 케이스, 장미, 리본, 큐빅, 글루건, 글루스틱, 핀셋

② 만드는 법

㉮ 하트케이스에 큐빅을 장식한다.

㉯ 리본을 잘라 접어서 케이스 바닥에 교차되게 부착하여 앉힌다.

㉰ 장미를 블루밍하여 리본 위에 배치하여 붙인다.

㉱ 하트케이스가 들어갈 상자에 리본을 예쁘게 장식한다.

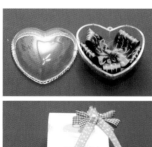

05 와인 포장 디자인

① 준비물

와인, 부직포, 장미, 진주, 카파와이어, 레이스, 끈, 컬러와이어, 목공본드,
플로랄테이프나 색주름지

② 만드는 법

㉠ 인조진주 5~6알에 카파와이어를 꿰어 줄기를 만든 다음, 그 줄기를 모두 모으고
플로랄테이프나 색주름지를 도톰하게 여러 번 감아준다.

㉡ 장미 꽃잎을 모두 떼어내 ㉠의 진주알을 중심으로 진주알 바로 아래 도톰한 부분에
작은 꽃잎부터 붙이고 마지막으로 레이스를 붙여준다.(진주 로즈멜리아 완성)

㉢ 컬러와이어로 별 모양을 만들어 노끈으로
와인병 입구에 고정시킨다.

㉣ 부직포로 아래 그림과 같이 와인병을
포장하고, 포장한 와인병 상부를
완성된 진주 로즈멜리아의 줄기와
함께 끈으로 잘 묶어 준다.

06 사각 아크릴 케이스 어렌지먼트

① 준비물

사각 케이스, 장미 두 송이, 수국, 안개, 헤데라잎, 익소디아, 리본, 글루건, 글루스틱,
핀셋, 플로랄폼

② 만드는 법

㉮ 장미는 글루건을 이용하여 꽃잎을 벌리고 다른 소재들도 디자인하기 좋게 다듬은 후
　짧게 와이어링하여 플로랄테이프를 감는다.

㉯ 케이스 뚜껑을 열고 글루건을 이용하여 두께 1㎝ 정도의 플로랄폼을 중심 부분에
　붙여준다.

㉰ 장미를 비롯한 소재의 줄기에 목공본드를 묻혀 플로랄폼에 꽂는다.

㉱ 수국과 헤데라 잎 등으로 플로랄폼이 보이지 않게 잘 마무리한다.

㉲ 뚜껑을 덮고 리본을 사각으로 돌려 묶고 리본장식을 한다.

07 백조 모양 화기 어렌지먼트

① 준비물

백조 모양 화기, 파스텔톤 장미 세 송이, 익소디아, 이끼, 열매, 리본, 글루건, 글루스틱

② 만드는 법

㉮ 장미를 블루밍하고 리본장식을 만들어 놓는다.

㉯ 장미를 배치하고 익소디아, 열매 등도 적절히 배치하여 글루건으로 붙인다.

㉰ 리본장식을 한다.

08 열쇠고리

① **준비물**

열쇠고리 프레임, 아디안텀, 미니장미 1송이, 안개꽃, 접착제(목공본드)

② **만드는 법**

㉮ 미니장미의 꽃받침을 떼어내고 가위로 꽃의 1/2 지점에서 수평으로 잘라준다.
　잘린 아랫 부분은 라넌쿨러스처럼 활용할 수 있으므로 따로 보관한다.

㉯ 잘린 윗부분의 절단면에 목공본드를 골고루 묻힌 후 본체 바닥 중앙에 붙여준다.

㉰ 가장 자리의 빈 공간에 안개꽃 송이와 아디안텀을 목공본드를 발라 배치한다.
　프레임 뚜껑의 가장 자리에 접착제를 칠하여 닫아주면 완성된다.

09 화병 액자

① 준비물

액자, 미니장미, 니겔라, 라이스플라워, 그린, 글루건, 글루스틱, 핀셋

② 만드는 법

㉮ 장미는 글루건을 이용하여 꽃잎을 벌리고 다른 소재들도 디자인하기 좋게 손질한다.

㉯ 원하는 디자인을 구상한다.

㉰ 장미와 니겔라 등을 디자인하여 붙인다.

10 긴 액자

① 준비물

긴 액자, 장미 일곱 송이, 수국, 플로랄폼, 글루건, 글루스틱, 핀셋

② 만드는 법

㉮ 액자 홈에 맞게 플로랄폼을 재단하여 글루건으로 붙인다.

㉯ 동일 계열의 장미와 수국을 와이어링 및 테이핑하여 리듬감 있게 꽂는다.

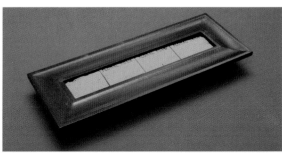

11) 하트 모양 화기 어렌지먼트

① 준비물

하트 모양 화기, 튜브로즈, 플라워콘, 천일홍, 미니 카네이션, 컬러폼, 글루건, 글루스틱

② 만드는 법

㉮ 화기에 맞게 컬러폼을 재단하여 넣는다.

㉯ 천일홍과 미니 카네이션, 튜브로즈는 와이어링하여 꽂아주고 플라워콘은 글루건을
   이용하여 화기에 붙인다.

㉰ 소재를 꽂을 때는 리듬감을 주고 화기의 형태가 가려지지 않도록 한다.

12 성모상 장식

① **준비물**

성모상 및 케이스, 미니 장미, 유칼립투스, 스토베, 천일홍, 익소디아, 이끼, 글루건, 글루스틱

② **만드는 법**

㉮ 미니 장미를 적당히 블루밍시킨다.

㉯ 접착제를 이용하여 성모상을 케이스 중앙 바닥에 붙인다.

㉰ 먼저 미니장미를 배치하고 스토베, 유칼립투스 등 다른 소재들을 배열하여 붙인다.
   이때 성모상을 중심으로 소재들이 균형을 이루도록 한다.

13 터널형 케이스 바다 풍경

① 준비물

터널형 케이스, 미니장미, 자갈, 색돌, 소라 껍데기, 전복 껍데기, 강황 뿌리, 접착제, 글루건, 글루스틱, 핀셋

② 만드는 법

㉮ 장미를 블루밍한다.

㉯ 접착제를 이용하여 케이스 바닥에 자갈과 색돌을 붙인다.

㉰ 장미와 기타 소재들도 적절히 배치한다.

14 하바리움 만들기

① 준비물

밀폐식 투명 용기, 하바리움용액, 프리저브드플라워, LED 조명기구

② 만드는 법

㉮ 프리저브드플라워를 알맞게 잘라 용기 속에 적당히 넣어 준다.

㉯ 하바리움 용액을 용기 가득 부어 준다.

㉰ 용기 뚜껑을 닫고 조명판 위에 올린다.

15) 보틀플라워(Bottle flower)

보틀플라워는 생화를 유리병 등 투명한 용기에 디자인하여 넣고, 건조제 가루를 가득 채워 식물을 건조시킨 후 건조제를 쏟아 내고 유리병 속에 화훼장식물만 남긴 공예품이다. 엑셀플라워로도 불린다.

① 준비물

유리병, 생화, 건조제 가루, 글루건, 비닐팩, 고무줄

 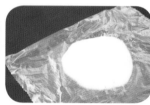 

② 만드는 법

㉮ 생화를 준비한다

㉯ 식물 줄기 끝에 핫글루를 묻혀 핀셋으로 잡아 병 속에 적절히 배치하여 붙인다.

㉰ 가루 건조제를 병 속에 채워 넣는다.

㉱ 비닐 팩으로 병 입구를 씌워 고무줄로 묶는다.

㉲ 일주일 정도 지난 후 비닐을 벗기고 건조제를 쏟아낸다.

㉳ 보틀플라워 완성

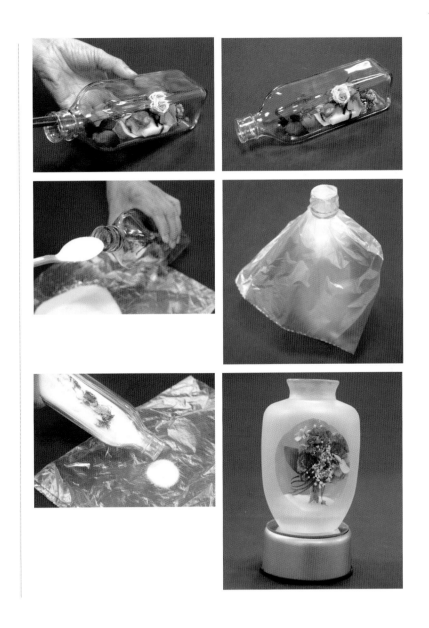

16 드라이플라워(Dried flower)

통기가 잘 되는 그늘에서 자연적으로 건조된 꽃이나 실리카겔 같은 건조제에 묻어서 말린 식물소재인 드라이플라워는 꾸준히 사랑받는 화훼장식소재 중 하나이다.

드라이플라워는 가볍고, 약간의 형태 변화나 수축이 있어 오히려 자연스러운 느낌을 주는 것이 장점이다. 다만, 유연성이 부족하여 부스러지기 쉽고 꽃이나 잎이 쉽게 떨어지는 단점이 있다. 근래에는 건조 과정에 염색 기법이나 프리저브드 기법을 결합시켜 인위적인 색상을 입히거나 유연성을 부여하여 품질을 높이기도 한다.

가장 흔한 자연 건조의 대표적인 방법에는 바닥에 널어서 말리는 방법, 거꾸로 매달아 말리는 방법, 물에 꽂은 채로 말리는 방법 등이 있다. 최근 드라이플라워로 만든 꽃다발이 인기를 끌고 있다.

드라이플라워 꽃다발

엽서 장식

Chapter 05

이야기가 있는
프리저브드 플라워

웨딩 프리저브드 플라워

조그맣고 하얀 새들이 가지 끝마다 위태롭게 앉은 듯 화사한 목련꽃이 일제히 망울을 터뜨릴 때 목련꽃처럼 아름답고 순수한 당신은 멋진 화관에 아름다운 부케를 들고 인생의 가장 빛나는 한 순간을 맞이합니다. 그 화관과 부케는 마치 사랑의 가약(佳約)을 영원히 지켜주기라도 할 듯 시들지 않는 장미, 프리저브드 플라워로 장식되어 있습니다.

꽃으로 장식된 당신은 마치 미의 여신 아프로디테처럼 우아하고 아름답습니다. 당신을 사랑하고 또 당신이 사랑하는 그이의 듬직한 가슴에도 프리저브드 장미가 미소를 머금은 채 꽂혀 있습니다. 오늘은 온전히 당신을 위한 날입니다.

(화관: 박수연, 부케와 부토니어: 이명주)

셀프웨딩을 꿈꾸는 신부를 위한 멜리아 장미로 만든 청초한 부케와 화사한
헤어코사지(이민지)

웨딩 프리저브드 플라워

다양한 질감의 소재와 꽃으로 어렌지한
프렌치부케(조윤경)

결혼식 분위기를 부드럽고 낭만적으로 이끄는
리스 웨딩테이블 데코레이션(전희숙)

거울과 커피하우스

때로는 심플한 것이 아름답습니다. 거울과 커피하우스 프레임을 구입하여 여러 번 사포질을 하고 그 위에 진하게 탄 원두커피를 칠하고 말리고 또 칠하기를 여러 번 한 후에 자작나무 껍질을 조그맣게 잘라 거울과 커피하우스에 디자인하여 붙였습니다. 거기에 프리저브드 플라워로 포인트를 주니 심플하지만 예쁜 거울과 커피하우스가 만들어졌습니다. 지인이 새로 이사 간 집에 초대를 하여 집들이 선물로 예쁘게 포장하여 가져갔더니 같이 초대받은 다른 친구들이 모두 부러워하며 너도나도 만들어 달라고 합니다.

또 다른 창작시간. 잣 솔을 하나하나 떼어내어 커피하우스 지붕에 붙이니 기와집이 만들어 졌습니다. 여기에 프리저브드 플라워 장식을 했습니다. 커피를 넣고 식탁 위에 올려놓으니 식탁 분위기가 달라 보입니다.

커피하우스 만들기는 초등학생들 클럽활동이나 방과 후 취미생활에 활용하면 아이들이 무척 재미있어 할 아이템입니다.

(거울: 이미정, 자작나무 커피하우스: 이소영, 잣껍질 커피하우스: 박현주)

새장화기 장식

현대사회는 감성과 상상력으로 승부하는 시대입니다. 감성에 호소하고 상상력을 자극하는 상품들이 사람들의 마음을 사로잡습니다. 인간의 감성을 이해하고 그것에 다가가려면 스스로 감성이 풍부해져야 합니다. 꽃과 식물, 동물 등 자연은 감성과 상상력을 키우는 위대한 교과서입니다. 자라나는 세대들을 풍부한 감성과 상상력의 소유자들로 키우려면 자연을 가까이 해 주는 것이 좋습니다. 그러나 공부하느라 자연을 바라볼 겨를이 없는 것이 오늘날 우리 아이들의 현실입니다. 그렇지만 방법은 있습니다. 그 하나가 아이의 방에 자연을 놓아두는 것입니다. 특히, 눈을 즐겁게 하고 지친 심신을 치유해 주는 식물과 꽃은 아이들의 감성을 키울 수 있는 좋은 자연입니다.

새장 모양의 화기에 새 대신 꽃을 넣어 보았습니다. 예쁜 꽃을 보며 아이들은 꽃처럼 예쁜 마음을 키우면서 미적 감각도 기르고 새 대신 꽃이 들어있는 장식에서 또 다른 상상의 나래를 펼쳐가지 않을까 합니다.(러블리한 핑크톤의 새장 장식: 이소영)

시원한 푸른색 톤 새장 장식(이주현)

새장 속 꽃다발(조수현)

남자가 여자를 사랑할 때

자유로를 따라 일산이 있는 고양시를 지나다보면 꽃보다 아름다운 사람들의 도시 고양이라는 문구를 만나게 됩니다. 그 문구를 볼 때마다 '과연 그럴까? 정말 그랬으면 좋겠다.' 그런 생각이 들곤 합니다. 오랫동안 꽃을 만지면서 꽃의 아름다움을 보아왔습니다. 이 세상에서 보이는 것 가운데 꽃보다 아름다운 것은 없어 보입니다. 그런데 그 꽃보다도 더 아름다운 마음의 소유자들로 이 세상이 가득해진다면! 생각만 해도 흐뭇해집니다.

세상에서 가장 아름다운 것이 꽃이기에 남자가 여자를 사랑하면 자신의 애끓는 마음을 아름다운 꽃에 담아 수줍게 내밀거나 씩씩하게 바치곤 한 것 같습니다. (전희숙)

카페나 호텔 로비 등 사람들이 많이 드나드는 공간에 멋진 화훼장식이 놓여 있으면 그것 하나로 공간의 분위기가 달라지는 것을 느끼곤 합니다. 하지만 생화장식은 세심한 관리가 필요하고 수명이 짧아 다소 부담이 되는 것도 사실입니다. 프리저브드 플라워 장식은 그다지 관리가 필요하지 않고 오랜 시간 감상할 수 있어 생화장식의 대안으로 인기가 높습니다.

호텔 로비 장식으로 제법 규모 있는 공간장식을 만들어 보았습니다. 주제는 봄의 욕망입니다. 차가운 겨울의 대지를 뚫고 솟아오르는 봄의 분출, 아름다운 생명에 대한 욕망이 다소 황량한 느낌의 구조물에 예쁜 꽃으로 대비감 있게 표현되었습니다. 먼저 왕버들로 뼈대를 만들어 겨울 이미지를 표현한 다음, 진분홍 장미를 상승감 있게 배열하여 피어나는 봄, 생명에의 욕구를 연출하였습니다. 하지만 그 욕망은 자연의 질서 속에서 그 분출에 절제가 있습니다. 그래서 욕망은 아름다운 꽃들로 발산되어 봄의 대지를 수놓습니다. (이명주)

가장 오래된 화훼장식의 하나인 리스는 시작도 끝도 없는 영원을 상징합니다. 또 둥근 형태로 매사가 원만하게 이루어지길 기원하는 의미도 있지요. 이러한 상징성 때문에 리스를 집안에 걸어두면 행운이 찾아온다고도 합니다.(노경선)

거실로 들어온 바닷가

무더위에 지친 심신에 시원한 청량제가 되어 줄 여름 공간 장식을 생각해 보았습니다.

칼라폼으로 모래 느낌을 연출하고 소라와 산호 등을 얹어 바닷가를 표현한 후 꽃가지들을 패러렐 형태로 배열하였습니다. 거실 한 쪽에 놓아두고 물끄러미 바라보니 마치 꽃나무들 사이로 시원한 바닷바람이 부는 듯합니다. 이번 여름에는 일이 바빠 바다 구경도 못 가는데 저 장식이 있어 그나마 위로가 될 것 같습니다. 일손을 놓고 잠시 누워 바닷가 기분을 내고 있으려니 초인종이 울립니다. 친구가 지나다가 들린다고 수박 한 통을 들고 들어옵니다. 수박을 쪼개어 맛있게 먹다가 바닷가 꽃 장식에 눈이 간 친구는 수박 먹는 것도 잊고 "멋있다, 멋있다"를 연발합니다. 급기야는 자기에게 달라고 아니 팔라고 성화입니다. 나는 한편으로 좋으면서도 속으로 탄식합니다. '아, 내 여름이 진짜 더워지겠구나.......' (박은주)

투명하고 반짝이는 소재의 구조물에 사랑스러운 프리저브드 플라워와 순백의
목화솜을 배치하여 순수하고 귀여우면서도 화려한 나, 행복한 나의 꿈을 작품
으로 표현해 보았습니다. (김태미)

　　프리저브드 플라워는 다양한 방법으로 작품을 만들 수 있는 것이 커다란 매력입니다. 이 작품은 LED를 프리저브드 플라워에 접목하여 보았습니다. 꽃잎을 하나하나 따서 새롭게 조합하는 멜리아 기법을 이용하였습니다. 꼼꼼하게 진행되는 작업이라 꼬박 이틀이 걸렸습니다. 작품을 완성하여 실내등을 끄고 LED 전구에 불을 밝히니 아름답고 멋진 꽃등(flower lamp)이 탄생하였습니다.(박수연)

실내 장식 성구 액자

아름다운 꽃과 함께 마음에 새겨 두고 싶은 좋은 말씀을 액자에 넣어 거실 벽에 걸어 두는 것은 나의 오랜 꿈이었습니다. 프리저브드 플라워를 만난 것은 그 꿈을 이룰 수 있는 행운이었습니다. 정성껏 꽃을 키우고 옥수수 잎 말린 것과 두루마리 휴지 심을 재단하여 재료를 준비하고 꼬박 하루를 매달려 작업을 하였습니다. 마음에 흡족하여 사진을 찍어 카톡에 올렸더니 성당에 다니는 지인들이 너도나도 만들어 달라고 주문해 왔습니다. 한 친구는 마치 작품에 피아노 선율이 흐르는 듯 멋진 작품이라며 자신이 다니는 성당에도 걸어놓겠다고 합니다. (유영미)

오월을 위한 작품

작년 여름 어떤 조사에 의하면 어버이날에 가장 받기 싫은 선물 1위가 꽃이었습니다. 하지만 우리는 다 압니다. 꽃이 싫은 것이 아니라 달랑 꽃만 주기 때문에 나타난 결과라는 것을 말이지요. 사실 꽃을 싫어하는 사람은 거의 없습니다. 아름다움을 싫어하는 사람은 없기 때문이죠.

저는 이번 어버이날을 위하여 두 가지를 만들어 보았습니다. 하나는 플라워박스입니다. 하트 모양 박스에 프리저브드 플라워를 디자인하는 것이었습니다. 밑에는 스티로폼을 재단하여 채우고 직접 가공한 프리저브드 카네이션을 정성들여 다듬은 후 중앙에 배치하고 가장자리에는 메탈 볼을 장식했습니다. 봉투 하나와 같이 드리면 너무나 좋아하실 것 같은 엄마 생각에 제 기분이 더 들뜨는 것 같습니다.

다른 하나는 판박이 모녀 화기장식이라고 이름 붙인 작품입니다. 크고 작은 닮은꼴 화기에 세 송이씩 장미를 장식하고 엔젤헤어로 화사한 느낌을 더했습니다. 침대 옆 협탁이나 화장대 위에 놓으면 조금 무거운 분위기의 방안을 화사하게 밝혀 줄 것 같습니다. 스승의 날에도 선물하기 좋은 작품입니다.(서복순)

즐겁고 경쾌한 자리에 잘 어울리는 노란 톤의 화기 장식과 콘 형태의 꽃다발입니다. 거실 한 켠에 올려두면 집안 가득 행복감이 넘쳐 날 것 같습니다.(임평은)

화려한 프리저브드 플라워 사이
에 초록색의 틸란드시아를 넣어
색다른 조화를 꾀한 작품입니다. 생동감
넘치는 봄의 환희를 표현했습니다.
(김영애)

희망의 꽃동산

화산석과 프리저
브드플라워로 꾸
며 본 꽃동산. 꽃으로 뒤
덮인 아름다운 세상을 상
상해 봅니다.(이미선)

두 개의 같은 화기에 꽃을 꽂을 때 같은 소재로 다르게 어렌지하면 미묘한 차이에서 오는 시각적 흥미로 인해 주목도가 높아집니다. 꽃이 대화를 하는 듯한 공간장식입니다. (이인복)

이야기가 있는
프리저브드
플라워

꽃의 대화

사랑스럽게 피어오른 핑크와 바이올렛 장미가 회색 바탕과 대비를 이룹니다. 마치 진흙탕 속에서 황홀하게 피어나는 연꽃을 연상시키는 작품입니다.(이준경)

봄소식을 알리는 버들과 연
분홍 색채의 꽃이 봄의 기운
을 느끼게 합니다. 수평형의 교차가
복잡하지 않게 디자인합니다.
(전희숙)

기념

나무껍질을 불꽃
이 타오르는 형상
으로 중앙을 향해 반복하
여 붙여 주고 가운데는 꽃
과 촛불을 배치하여 강렬
한 힘과 소망의 메시지를
느끼게 하는 작품입니다.
(정주희)

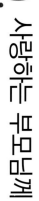

사랑하는 부모님께

예쁜 도자기 화기를 선택해 봅니다. 마음에 들어 혼자서 그림을 그려 봅니다. 카네이션을 메인으로 하고 장미와 그린, 부소재를 곁들여 어버이날 선물 작품을 만들기로 합니다. 작품을 완성하고 사진을 찍어 보며 디자인과 미술에 재능이 있는 딸이 내게 이런 어버이날 선물을 준다면 더 ♥♥♥ 사랑스러운 마음이 들 것 같습니다. 받아서 TV 위에 두어도 좋을 것 같고 거실 테이블 위에 놓아도, 남편 사무실 책상에 두어도 어울릴 것 같습니다. (이종숙)

행잉 볼과 테이블 장식

특별한 이벤트가 있는 날, 공중에 몇 개의 행잉 볼을 달고 테이블마다 멋진 꽃 장식을 놓습니다. 음악소리, 사람들의 웃음소리, 젓가락이 그릇에 부딪히는 소리 그리고 나지막한 대화들. 꽃이 있어 만찬은 더욱 즐겁습니다.

행잉 볼 작품은 미니 장미와 맨드라미를 주 소재로 천지인의 형태와 음양의 조화를 이룬 동양적 구도로 구성하였고, 테이블 장식은 마른 태산목 잎을 철사에 꿰어 윤곽을 만든 다음 장미 등을 소복이 꽂아 식탁에 풍성함을 선사하도록 하였습니다.(전희숙)

크리스마스 테이블 장식과 벽 장식

아기 예수 오심을 경축하는 성탄절. 비록 크리스트교인이 아니어도 왠지 마음이 설레고 즐거워지는 날입니다. 이번 성탄절에는 식구들끼리 조촐한 파티를 열었습니다. 파티 테이블에 예쁜 꽃 장식과 초가 있어야 할 것 같아 프리저브드 플라워로 센터피스를 만들었습니다. 그리고 벽 장식으로 삼지닥나무를 구하여 뼈대를 만들고 산타클로스의 색깔인 빨간색과 하얀색 장미를 장식하였습니다.

기다리던 파티 시간. 식구들의 시선이 모두 테이블센터에 있는 꽃 장식으로 향합니다. "우와! 예쁘다." 나는 어깨를 으쓱하며 "저거, 잘 보관하면 내년에도 그대로 쓸 수 있어" 하면서 조금 잘난 체를 해 봅니다. "와~ 경제적이기까지~~" "저기 벽도 한 번 쳐다봐" "우와!" 꽃을 화제로 우리들의 이야기는 밤늦은 줄 몰랐습니다.(이소영)

쥬얼리 솜 시계 받침대

예물을 파는 보석가게에 예쁜 프리저브드 플라워 장식을 곁들여 봅니다. 시계, 목걸이, 반지, 귀걸이 등 값비싼 제품들에 걸맞게 고급스럽고 아름다우면서도 아기자기한 꽃들을 제품함이나 진열장에 조화롭게 장식합니다. 고객들의 시선은 꽃의 아름다움에서 멋진 제품으로 자연스럽게 오갑니다. (전희숙)

사진 액자에 프리저브드 플라워 장식을 했습니다. 아이 사진, 부부 사진, 연인 사진 모두에 어울리는 아이템으로 액자 프레임은 일본에서 구입한 것입니다. 아이 사진을 넣어 책상 위에 두었더니 동료가 보고는 어디서 구입할 수 있느냐고 묻습니다. 직접 만들었다 하니 눈이 휘둥그레지며 자신에게도 만들어 달라고 합니다. 하나를 만들어 주었더니 좋아서 어쩔 줄 모르며 대가를 받으라고 합니다. 점심이나 한 끼 사라 했더니 좋아라고 합니다. (동해 유경숙)

식탁 위의 작은 액자

이것을 만들려고 꽃 부자재 시장을 여러 바퀴 돌았습니다. 인조 블루베리가 꼭
필요해서였습니다. 간신히 구해온 인조 블루베리와 블루 계통 장미를 액자에
장식했습니다. 거실에 걸려있는 큰 액자를 보면서 식탁 위에도 걸맞은 액자가 있었으면
좋겠다고 생각해 왔는데 오늘에서야 소원을 이루었습니다. 식탁 위에 걸었더니 퉁명스
런 아들 녀석도 "엄마, 이거 멋지네." 한 마디 하고 갑니다. (전희숙)

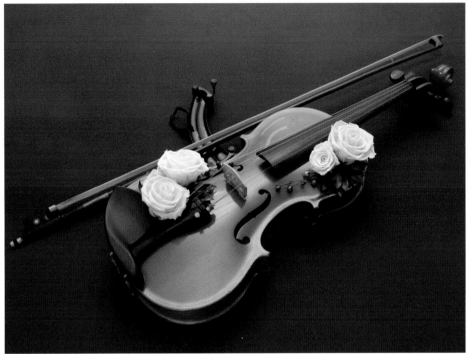

프리저브드 플라워는 무한한 상상의 세계를 펼치게 합니다. 취미로 가끔 켜는 바이올린에 예쁜 프리저브드 플라워 장식을 해 보기로 했습니다. 꼼꼼히 꽃을 키우고 다듬은 다음 바이올린을 켜는 데 지장이 없는 곳을 골라 장식을 했습니다. 이를테면 실용성과 장식성을 모두 갖춘 바이올린, 사용할 때는 악기가 되고 놓아두면 멋진 인테리어가 됩니다. 이 세상에 단 하나 뿐인 나만의 바이올린, 나의 보물입니다.
(김경희)

여름 식탁 장식

여름철 (인조)과일을 바구니에 담고 꽃 장식을 해 봅니다. 시원함이 느껴지는 하얀색과 연두색을 주조로 하였습니다. 식탁 가운데 놓으니 분위기가 그럴싸합니다. 남편과 나는 와인을 한 잔씩 나눕니다. 바쁜 일상 속에서도 가끔은 색다른 분위기로 집안을 꾸며 보고, 오래된 와인 같이 새로운 건 없어도 언제 봐도 좋은 남편과 정다운 시간을 함께 하는 것. 그것이 이 여자의 살아가는 법입니다.(박현주)

전화기 장식

휴대폰으로 인하여 점점 우리 손에서 멀어지고 있는 전화기. 어느 날 그 전화기가 무척 아름답게 느껴졌습니다. 그 옛날 어느 디자이너의 고뇌와 아이디어의 반짝임으로 기능과 장식성을 겸비한 이런 전화기가 탄생했겠지 생각하며 여기에 프리저브드 플라워를 장식하여 이름 모르는 그 디자이너를 기리고 싶어졌습니다. L자형 형태로 전화기 꽃 장식을 하고 나니 발명가 에디슨이 생각나 전구 속에도 프리저브드 플라워를 넣어 보았습니다. 친구가 보고는 옛 것과 새 것의 조화라며 멋있다고 합니다.
(김유이)

하트는 사랑을 표현할 때 아주 좋은 매체입니다. 하트 화기에 사랑스러운 분홍 계열의 장미를 메인으로 프리저브드 플라워 장식을 했습니다. 완성된 작품을 진열대에 두었더니 한 남자가 들어와 말합니다. 여자 친구 생일인데 선물로 사고 싶다고. 나는 센스 있는 그 남자에게 말했습니다. "정말 잘 선택하셨어요. 소중한 연인이나 아내의 생일, 연인들의 기념일, 결혼기념일, 밸런타인데이, 로즈데이 등 사랑을 표현하고 싶은 그 어떤 날에도 잘 어울리는 작품이지요. 시들지 않는 꽃, 프리저브드 플라워로 사랑의 마음을 고백하는 것. 정말 멋지죠" 하트에 피어난 프리저브드 플라워가 님의 마음을 오래도록 전해 줄 거라고 말하자 작품을 들고 나가던 그는 고개를 돌려 씽긋 웃어 보입니다. (순천 이명원)

물이 흐르는 풍경

뜨거운 여름 햇살 아래 풀빛으로 흐르는 계곡물의 시원함을 표현한 작품입니다. 대나무의 소박한 질감이 푸른 장미의 우아한 이미지와 묘한 대조를 이루며, 시원함 느낌을 배가시킵니다.(홍민숙)

제1장. 봄 Valentine day & White Day

화사한 봄날 초콜릿 한 조각, 사탕
한 봉지만으로는 그 마음을 다 전할
수 없을 때 소복이 담은 프리저브드
플라워를 곁들여 봅니다.

밸런타인데이에는 수줍은 소녀의 볼처럼
발그레한 연분홍 장미나 붉은 입술 같은
빨간색 장미가 제격이겠죠. 화이트데이에는 보라색 톤이
더 어울립니다. 바이올렛 톤의 프리저브드 장미가 신비로운
매력으로 당신의 연인을 사로잡기 때문이죠.(분홍: 이명주, 보라: 전희숙)

제2장. 여름 Music & Green Day

8월 14일이 뮤직데이 그리고 그린데이인 것을 아시나요? 또 다른 연인들의 날이죠.
이날에는 음악과 함께 편안하고 시원한 그린색 장미꽃을 선물해 보아요. 더위에 지친 연
인들에게 아침이슬처럼 싱그러운 행복을 선사하는 착한 마법사가 되어 준답니다.
(전희숙)

제3장. 가을 Wine Day

풍요와 감사의 계절, 가을에는 황금 들녘처럼 연인들의 사랑도 익어 갑니다. 10월 14일 와인데이에는 와인과 함께 풍성한 가을을 닮은 프리저브드 플라워를 함께 해 보아요. 낭만적인 음악과 식탁 위에 놓인 와인 그리고 프리저브드 플라워! 두 사람의 사랑은 깊어만 간답니다.

(테이블 장식: 박수연, 와인병: 방진화)

제4장. 겨울 Christmas Eve

온 세상이 꽁꽁 얼어붙어도 사랑하는 이들은 뜨겁기만 합니다. 순백의 장미로 마음의 순수를, 불타듯 붉은 장미로 당신을 향한 일편단심을 노래합니다. (이명주)

풍성한 가을 들녘에서

가을 들녘은 풍성함 자체입니다. 배모양의 화기에 색색의 옷을 차려 입은 강아지풀, 냉이풀 등등 들판에 지천인 들풀들이 장미와 어울려 감사의 축제를 벌이는 듯합니다.(김진경)

도움받은 자료

그림보고 따라하는 와어어공예DIY, 이쿠코 나카지마 저, 하정희 역, 터닝포인트, 2009
또 다른 삶의 선택 Preserved Flower, 나무, http://blog. naver.com/preserved
보존화 산업의 현황과 과제, 권혜진(천안연암대학 화훼디자인계열, 논문)
색채용어사전 색채디자인요소, 네이버 지식백과, http://m.terms. naver.com
생화의 아름다움과 싱싱함을 그대로 보존화 Preserved Flower, 서효원 외, 국립원예특작과학원
세이 플로리, 2004년 9월호, 2006년 1월호(매거진)
시들지 않는 꽃 Preserved Flower, 이은희, WPFA월드프리저브드 플라워, 도서출판세이. 2012
시들지 않는 불멸의 아름다움, 농촌진흥청(브로슈어)
아름다운 생활공간을 위한 화훼장식, 손관화, 중앙생활사, 2008
절화장미 보존화의 유통 및 활용 시 습도조건에 따른 품질변화, 유은혜, 서효원, 이정아, 김광진,
   송장섭(국립원예특작과학원 원예작물부 도시농업연구팀, 논문)
좋아보이는 것들의 비밀, 홍승호, (주)도서출판 길벗, 2011(e-pub)
케이스타일즈, 나무트레이딩(자료)
플레르, 2005년 4월호(매거진)
플로라, 2013년 10, 11, 12월호(매거진)
화훼장식 기능사 실기, 이송자, 전희숙, 한근희, 심상은, 성안당, 2011
화훼장식 기사/기능사, 김혜숙, 전희숙, 한근희 외 9인, 도서출판 인아, 2009
화훼장식 색채학, 장옥경외 3인, 도서출판 국제, 2010
Always fresh Preserved Flower 프리저브드 플라워, 강지호외 27인, 이종문화사, 2008
Everrose Collection 2013, 봉화꽃내플라워영농조합법인(팸플릿)
Pre Fla 季刊 プリ*フラ 春夏號 Vol.35, 2013, フォーシーズンズプレス
Preserved Flower, 최선복 외 13인, kokoji
preserved flowers & preserving in glycerin, Floristry, http://blog.naver.com/jetwet
プリザ-ブドフラワー ブーケ&アレンジメント, 今野政代/細沼光則, 六耀社, 2002
ドライフラワー 秋冬號 Vol. 5. 2004(平成16年), パッチワー通信社

작품 제작 및 협조

프리저브드 플라워, 화훼장식기능사, 드라이 플라워, 다육공예

전문 교육기관 **청강아카데미**

서울 종로구 종로11길 18(YMCA 뒤)   www.chungkang.com   Tel) 02-722-2866

전희숙
청강아카데미 중앙회 회장, 독일 플로리스트 마이스터, 충북대 평생교육원 전임강사

박수연
서울대학교 사범대학 졸업, 전직 교사, 플로리스트, 프리저브드 플라워 강사

이명주
플로리스트, 화훼장식 및 프리저브드 플라워 강사

New Trend & Wave

DIY 프리저브드 플라워

2018년 3월 10일   발행

지은이 | 전희숙, 박수연, 이명주
작 품 | 청강아카데미
만든이 | 정민영
사진 & 디자인 | 어떤날 one-day@hanmail.net

펴낸곳 | 부민문화사
등 록 | 1955년 1월 12일 제1955-000001호
주 소 | (140-827) 서울 용산구 청파로73길 89(부민 B/D)
전 화 | 02-714-0521~3
팩 스 | 02-715-0521
http://www.bumin33.co.kr   E-mail: bumin1@bumin33.co.kr

정 가 | 18,000원
공 급 | 한국출판협동조합
ISBN 978-89-385-0281-0 93520